U0114757

職場抗逆力

時代巨變下的
致勝之道

王澎世　著

商務印書館

職場抗逆力 —— 時代巨變下的致勝之道

作　　者：王泍世

責任編輯：甄梓祺

封面設計：趙穎珊

出　　版：商務印書館（香港）有限公司

香港筲箕灣耀興道 3 號東匯廣場 8 樓

http://www.commercialpress.com.hk

發　　行：香港聯合書刊物流有限公司

香港新界荃灣德士古道 220-248 號荃灣工業中心 16 樓

印　　刷：美雅印刷製本有限公司

九龍觀塘榮業街 6 號海濱工業大廈 4 樓 A 室

版　　次：2021 年 7 月第 1 版第 1 次印刷

© 2021 商務印書館（香港）有限公司

ISBN 978 962 07 6663 3

Printed in Hong Kong

目 錄

第一章
時代在變　社會在變

第二章
老闆「進化論」

第七章

職場前路怎麼走

自　序

　　一般人寫書喜歡請人寫序，最起碼能夠增添風采。這是事實，有某某名人寫序，等同有人推薦，必然是好書，值得一看。問題是名人不易找，一般很忙，而且不一定有興趣看書。結果是給面子，寫段東西捧捧場，意思意思，沒甚麼內容。另外名人說白了，也不外如是，沒甚麼見地，為甚麼要聽他的。有一次，有人找我寫序，我立馬推卻。很坦白說：我不是名人，雖然我願意看他的書，給出我的評價，但是我的評價不值錢，還有可能幫倒忙。對方也理解，作罷。

　　這也說明香港的一個潛在問題。大家不重視別人的看法，就算有人辛辛苦苦寫了一本書又如何？用本地俗語來形容，就是「睬你都傻」。除非是旅遊、飲食、八卦、風水，其餘一概沒興趣。只顧自己的個人興趣，對於研究、討論、理念這些東西興趣不大，可以說是故步自封，逐步引發文化低落的現象。不是嗎？多年前，香港就有

「文化沙漠」的稱謂，現在可能更糟。

現在的情況不再是「睬你都傻」，不睬人沒有殺傷力。但是目前情況有變，有些人的思維更為「進取」，甚至有攻擊性。不同意見就是異類，去之而後快，最近幾年我們看過不少例證。相同立場才是兄弟，有沒有道理不重要。講道理已經升格為美德，否則社會上令人「莫名其妙」的話語比比皆是，有的還會令人氣惱，覺得「豈有此理」。不僅香港如此，世界所謂先進國家也不例外，大家的潛台詞是：你錯，我對。

有樣東西讓人吃不消，這些人一開口就是：香港人怎樣，怎樣。我不是這樣的話，就變身為其他人，而不是香港人。他們用的是「排除法」，把不同類人排除，很可怕。想說出心中的不安與不爽，但是有顧慮，隨時被人「起底」或「私了」，就是給人找出來，甚至教訓一頓，犯不着。這樣的日子很委屈，也很悲催，人家爭取自由，反而把我的自由抹去。

講到「自由」，這是最近最熱門的用字。連港版國安法出台，都有港內外的人發言反對。最令人費思量的國外的政府官員，連連發炮，質疑國安法出台，剝奪香港人的自由。這種說法接近「豈有此理」，國安法目的之一是制約顛覆活動，難道不對？這種制約是剝奪香港人自由？莫非顛覆活動是我們應有的自由？可見異見人士

的心態一致，想要顛覆我們國家，不讓行動，就是剝奪自由。

　　在這種大環境之下，令人無言以對，簡直是「豈有此理」的加強版。但是社會上還有許許多多有志向上的年輕人，我們不能，也不該，悶聲不響，袖手旁觀。該做的事情還是要做，該說的話還是要說。時代變，我們也要變，要學習應對改變帶來的挑戰。當然，對年輕人來說，在工作態度上的改變至為重要，也是這本書的核心思想。上一代的人也應該有所得益，自己陪伴年輕人成長，必須理解應變的重要性。

　　一句話，這本書不僅是說大環境的改變，更是關注改變帶來的挑戰以及我們如何應對改變。希望各位讀者有所得着。

前言（一）

從「菩薩」到「空降部隊」

　　2004 年對我的職業生涯很是關鍵。一算，我已經在滙豐銀行工作 33 年，擔任過不少不相同，但又頗有意義的工作，覺得很豐盛，覺得「夠皮」。希望有機會到銀行外面去看看，而且年紀也一把，覺得是時候試試其他的發展機會。正好我在美國外派的崗位任期屆滿，跟最高領導打過招呼，踏上歸途。當時中港經濟暢旺，很快有一份工作來到面前，負責整頓一家即將上市的製衣廠。有點興奮，因為跟我原來的工作扯不上關係，有機會可以開眼界，而且也是滙豐的客戶，可以嘗試一下做客戶的滋味，有機會可以向銀行提出一些「像是有理，其實無理」的要求，比如說下調利息，減免費用。看看對方如何應對。

　　我這人在工作上總喜歡新的嘗試。能夠在製衣行業展開新的一頁，正如俗語所說：「有辣有不辣」。辣是因

為以前從未碰過製衣這一行，不辣是因為這工作不外乎領導與管理，道理我懂。沒想到，上班沒多久，就發現領導與管理在這工廠無法落地，根本沒人會聽，大家只聽老闆一個人講話。我講東，他如果講西，大家一定朝西跑。很難怪，人人知道，他操生死大權，要誰死，此人不能不死。我說的話會聽，但是大家不會跟。有點納悶，結果靠一位資深管工講出一句「箴言」：我是一座「菩薩」，放在廟裏好看一點，對上市有幫助。坐着就好，千萬別開口鬧彆扭，自身難保。

　　他說得對，老闆才是真正的「話事人」。我只是一尊「菩薩」，希望帶來鼎盛的香火而已。對我來說，這是一個巨大打擊。因為以前在滙豐，一直以為想要改變，只要有道理，總有機會讓上面的人接受改變。現在可不一樣，要改基本上不可能。話沒錯，過去工廠就是靠原來這一套賺錢，要改豈不是搬石頭砸自己的腳？怎麼也說不過去。某些皮毛的東西，可以改，因為無傷大雅。要具體改變現狀，就免談，無謂傷和氣。這時候有兩點感受。第一，當年做銀行運氣真好。想要改革，總有老闆會支持，也能落地。從來沒想到，自己原來可以變為一尊「菩薩」，給人供奉而已。第二，做銀行很多時候只看報表，不理解客戶怎麼管理內部矛盾。銀行借錢給人，原來是因為市道暢旺，訂單不斷，貨款如輪轉，才不出

現問題。換句話說，不是沒問題，只是看不到而已。

這時候才理解，自己做貸款，從未出過差錯，不是自己本事，只是運氣好，身處美好大環境，大步跨過而不知道危險。現在換位，坐在銀行對面，才知道銀行面對風險有多大。現在還要講上市，自己扛的責任非同小可，暗自擔心。到了這種年紀，不怕輸錢，最怕輸名聲。結果雙方同意，和氣收場，各奔前程。這讓我舒口氣，不用當菩薩！

當時我在想，做了多年銀行，看事情先看風險，以不輸錢為原則，有風險再三考慮。反過來，做生意先看利潤，有錢賺就不放過機會，就算有風險，也是賺錢的代價，機不可失就不放過。兩者都有道理，問題是個人的風格不同。不過，我要承認一點：做銀行膽子小，不肯搏，也不敢搏，注定賺不了大錢。如果跑進銀行，目的是要賺大錢，肯定走錯門口。我算運氣好，從銀行跑進企業，要把膽子擴大，以賺錢為唯一任務，自認做不來。

從銀行退出，想在其他領域發展，第一步似乎不成功。心中忐忑不安，不斷在想：難道自己已經定型，只能在銀行工作而不能涉足其他行業？沒想到，也沒想太久，第二個機會來到面前。很好，但是要我回到銀行，就不是很好。我有點不服氣，如果回到銀行，當初就不

用跳出來。難道我這人只能在銀行翻騰而沒有其他辦法？走一步算一步，看看人家有甚麼要求，不要做不來，死撐不好。

原來是在北京的中國民生銀行面臨換屆，要聘一位行長。內地叫行長，等同香港常用的「首席執行官」，英語叫 CEO；也類似美國銀行界常用的「總裁」，英語叫 President。一般內地銀行三年一屆，屆滿就要重新「選拔」新一屆的領導班子，可以連任。選拔是由董事會成員提名，最終投票決定。一般情況下，成員之間都有默契，不會出現意外。

這一次換屆有點不一樣。不是由董事會成員各自提名行長誰屬，而是由中國銀監會提名。為何如此？因為在上一次的董事會議決：新一屆的領導班子，需要注入新血，最好具備內地以及海外或境外銀行管理經驗，帶領民生銀行踏出新的一步，再次騰飛。因此委託銀監會海外招聘，在換屆之前早已展開招聘工作，遲遲未拍板是因為找不到合適人選。正好我從製衣廠出來，適逢其會，變為備選之一。

在內地的選拔有一點很重要，不是說一個備選人的學歷、經驗適合就符合資格。還有一關是檢查此人的政治背景，過去公開的言論是否恰當？有否參與不恰當的組織？還有一樣外人不知道的是備選人的「風險偏好」，

是進取？還是保守？一併納入考慮。也難怪，因為行長要負責維護全盤資產，那可不是小數目，以民生為例，正好 7,000 億人民幣的資產規模。推介人無形中扛上莫大的壓力，對行長來說更不用講，有第一身的責任，7,000 億非同小可。所以選拔與議決兩者都非常重要，有拖拖拉拉很正常。

另外要注意一點，民生銀行是當時唯一的「民資」銀行，所有股份由私人或私人企業所持有，心理上更是輸不得，在提名與議決兩件事上各有不同意見，眾議紛紜無法作出決定。結果還是要等銀監會主席出馬，擺平各方意見，完成選舉程序。我並沒有太大的喜悅，我相信這是一條不好走的路。沒想到從銀行「退休」，結果從「煎鍋跳進火爐」，是不是自討苦吃？不過我的性格一向是「明知山有虎，偏向虎山行」，既然難得來到虎山口，不進去看看豈不是失之交臂？

原來對我的壓力，還不僅如此：要對 7,000 億資產負責，還有從內部而來的擠壓。為何這麼說，因為換屆一般是走形式的舉措而已，大家心中有數。現在換來一個外人，雖然說是從外選秀而來，但是阻人前進是必然的事，肯定不討好。而且埋伏了一些不明朗因素，隨時被擠壓，甚至不合作。試想我一個人作為「空降部隊」來到別人地頭要發號施令，這樣不對，要改，那樣不對，

也要改。豈不是癡人說夢？這樣一想，這山頭不僅有虎，還有獅子、豹子、甚至其他野獸，莫非「自投羅網」跳進火爐？

不過，回頭想想，難得有機會深入了解內地銀行的運營方式，而且身為一行之長，負責 7,000 億資產。目前從境外而來，也只有我一個人，高踞榜首，放棄機會豈不是給人笑話，以後自己再也抬不起頭。那怎麼行？到了我的年紀，最怕就是輸掉名氣。同時，從現實角度來看，一萬多人的銀行沒甚麼了不起，我在 1990 年就管過一萬多人，資產規模沒這麼大而已。心想，這應該難不了我。另外，我來自香港，就該為香港人爭光，臨陣退縮絕對不行。

2006 年 7 月的董事會，20 名董事當中，19 票同意，1 票棄權，提議通過。我正式成為民生銀行新行長，第二天早上上班。第一件事情是去銀監會跟主席、兩位副主席吃早飯，大概是面授機宜，不容有失。一早我就過去，原來就在銀監會樓下。東西很簡單，大餅、油條還有熱茶。主席的時間緊張，二話不說，直接到題：「想來你必然有許多問題，但是記住一句話就好。」他接着說：「不是要你弄刀舞槍來改革，只是希望你傳授經驗，把西方先進的理念帶進來，讓我們學習。」他講得很客氣，接着說：「潛移默化自然產生改變，急不來的。民生銀行

運氣好，找到你，將來必然得益匪淺。」笑笑就繼續他的大餅、油條，留給我深刻印象，有如仙人指路，讓我茅塞頓開，心情開朗。

原來是要我傳授經驗，那就容易。我最喜歡跟別人講道理，自己的道理，讓別人學習，人家的意見，讓自己學習。所謂教學相長，就是這個道理。我馬上釋懷，原來找我有這樣的打算，太好了。馬上謝過，趕緊回辦公室開始我在北京的工作，是我 30 多年銀行生涯新的一頁，我會珍惜。

新的工作，也為我鋪墊之後十多年的「教育」工作，傳授經驗一直支持我走下去。

世界變得太快

　　有句成語我一直認為很正確，就是我們經常掛在嘴邊的「溫故知新」。我的理解有好幾個，都不一定對。其中一個：從過去經驗找到新思路；還有另外一個：歷史經常重演，不難看出軌跡。別人或許還有其他解讀，一點不稀奇，但是核心思想應該是一致的，如何從舊到新，看出一些苗頭。

　　經濟學也有同樣的說法，經濟好不好有週期性。股票市場也一樣，專家對股市有種說法：「升上去的股票，總有跌下來的一天。」這些話告訴我們：從經驗中看未來，錯不了哪裏去。所以有人說：「薑是老的辣。」就是形容一個人有豐富的經驗，就知道該做甚麼應對將來。

　　當然我們都知道，未來怎麼樣沒人能夠現在就說清楚，最多說：「這是最好的估計。」算命的人有時也會來一兩句對未來的預測，不過說得準的人沒多少，尤其是

預測世界末日那一種人。

我還可以舉好幾個例子，來說明我對「溫故知新」這句成語開始有保留。在寫這篇東西的時候，中美關係跌進谷底。過去中美之間也有吵吵鬧鬧的時刻，過一陣子就有解決方案，兩者關係恢復正常。但是如今兩國關係已經完全破裂，要用「溫故知新」這句話來預測不久之後兩國關係就會正常，不一定靠譜。

明明這世界是平的，而且全球化的國際貿易也是一個不可逆轉的趨勢。我有多餘的產品可以出口到其他對這產品有需求的地方，反之亦然。現在用關稅來作為阻擋對方的手段，破壞固有的雙邊關係，這種結果帶來許多不確定因素。要說溫故知新，真的說不出口。

不確定因素不斷出現，是現今世界的新常態，讓我們很難去估計將來，或不久的將來，將會發生甚麼事情。我們經常聽到「時代變」這個說法，其實就是反應世界變得太快，不知如何調整自己。所以，我想把我觀察所見跟大家分享，也想提出一些建議，希望用得上。

第一章

時代在變
社會在變

1.1 追求無規範式自由？

現在香港社會面對的不是單一問題，其實是一個綜合體：新冠肺炎、中美關係惡化、全球經濟停滯、街頭暴力……有人說全部無關，只是有人在追求「無規範」的自由。

我在 1972 年大學畢業，馬上出來打工到今天，差不多 50 年。期間看過的變化真不少，有的是政治上的，有的是經濟上的，比較不明顯的是人文方面的。不管哪一種變化，我都覺得這 50 年有多樣的起伏，一路走來絕對不平坦。但是我們在香港都扛過去，難道目前這一關我們過不去？我看不會。

為甚麼我說目前這一關呢？因為以前所碰上的是單一事件，比較簡單。比如說 97 年回歸、03 年沙士、08 年金融危機等等，而不像目前我們所面對的情況，是一

個綜合體;其中包括新冠肺炎的爆發、中美關係惡化、全球經濟停滯、香港街頭暴力。對香港來說,一件都嫌多。能夠走到今天,面對多元打擊,香港整體尚算平穩,很不容易。

除了街頭暴力,居於香港的人對其他事件都不陌生。街頭暴力不僅令我們莫名其妙,還讓我們自卑。莫名的是事件背後的動力是在追求甚麼?天天聽到的是五大訴求,但是訴求沒有清楚告訴大家到底終極目標是甚麼?讓人費解。有條定律可以讓讀者了解我說甚麼?這條定律叫「終極推動力」,英語叫 Prime Mover。有因就有果,有果又是另外一件事的因,一路接下去,達到終極目的為止。

比如說,肚子餓是因,吃飯是果;吃飯也是因,果是要生存;生存又是因,繁衍才是果。可以說,吃的終極目標是繁衍。但是馬路上那幾個訴求的終極目標不清晰,如果是追求自由,得到自由又怎樣,沒人說清楚,似乎不是終極目標。有了自由又怎樣?如果追求自由的果在於別人不能管我,我就自由自在,喜歡怎樣就怎樣,也未必是終極目標,終極目標可能是「無法無天」加上人人「隨心所欲」。是不是這樣,我無法證明。但是這種訴求很難看得出它的終極目的,讓人費解。

有個故事可以說明,是我 2019 年在網上看到的。當

時是一次「三罷」活動，在某個地鐵站上發生，給人拍下傳到網絡上。話說當日有節車廂差不多全滿，無法開出，因為有位年輕人擋門。大概拖了半小時，乘客開始有怨言。「喂，喂，不要堵住。」已經有人發聲，一半請求，一半怨氣。其中發聲的一位是老外，膽子大就問這位年輕人，為甚麼要這麼做？這位年輕人一見機不可失，馬上操英語跟老外對話。我告訴你，這是為你好，因為你以後會有更多自由。「More！More！」他強調了好幾次，生怕老外聽不懂。這個老外，大概搞不懂這位年輕人所講的更多自由，問他：「甚麼更多的自由？」這位年輕人繼續講下去，他是為了大家以後的自由，忍耐一下就好。這位老外很有意思，表示我倒不想要以後的自由，我要今天上班的自由，別擋住我。那位年輕人就是不動，為了大家以後的自由怎麼也不動，繼續擋着門。

回到我的論點，爭取自由是目前叫出的目標，但是明天的自由跟今天的自由有甚麼不一樣？這位年輕人沒說，而且有點火氣，怎麼說了半天，別人還不懂，甚麼是以後的自由。如果我在場，或許我會告訴他，今天的自由是有規範的，他不喜歡。他追求的自由，以後才有，就是沒有規範的自由，個人喜歡做甚麼就做甚麼，沒人來規範。比如說，我喜歡擋門就擋門，別人上不了班，與我無關。這就是無規範的自由，這種自由的確具

有吸引力，等於說每個人都有全方位的自由，而且不受規範，豈不美哉。有點像北京一句土話：「你甭管。」不過大家都沒弄清楚，到底這種自由是進步，還是退步。問題是：沒人願意，或能夠把自由兩個字攤在桌面上，大家辯論一番。結果是有一輩人深信不疑，追求更多的自由，是一種光榮的使命。請注意，我說的是「深信不疑」，這才是最可怕的現實。

1.2　世界變成「非我即敵」

現時年輕人對目標深信不疑，而且充滿熱情，用各種方法去完成使命，不顧他人反對。國際間也一樣，有些國家抱着「你不對，要打你」的態度，難以合作。

　　我上一節講到「深信不疑」，我覺得有必要展開來說說我的看法。在地鐵上擋門的年輕人很可愛，不斷告訴旁邊的人，要相信他，因為他的所作所為是為了大家未來得到更多的自由。我覺得他對這個目標是深信不疑的，而且充滿熱情，會用盡方法去完成這個使命，包括無視多人的反對與鄙視，把地鐵那道門死命頂住，因為大家把門頂住，車開不了，其他人不能上班，引致香港經濟癱瘓，結果促成他們崛起的機會。這就實現了所謂「推倒重來」的目的，重建這個地方，給予市民更多的自由。

問題是：如何「重來」沒有人知道？手上有既得利益的人會問：「要放棄既得利益，去接受一個不清楚的未來，得到的是更多的自由，這筆賬算不過來，而且目前所擁有的自由足夠有餘，讓人覺得幸福，怎麼會希望有人來改變現狀？」那位老外也說得很有意思，他說不要明天的自由，只要今天的自由，請年輕人放過他，不要擋門就好。我們作為旁觀者，以中立的立場來看這事：這年輕人的想法是先有破壞才有建設。道理沒錯。但是破壞的是公共設施，有其他人共用，不是自己專有，就不能有自主權來搞破壞。

　　很不幸，這個年輕人腦子裏只有拼命向前衝的想法，而且不覺得自己這麼做有問題。這種「深信不疑」的態度很危險，因為不止一個人這麼想，還有許許多多都這麼想。到底是甚麼人，或甚麼事讓他們「深信不疑」？我以前讀書的時候，包括歷史、地理本身就是難以改變的事實，每樣學科的內容總會令我有點懷疑，會不會是這樣的？常有懷疑，因此提問題，讓老師回答，自己再去思考。簡單說，就是經常有懷疑，很少會「深信不疑」。為甚麼這班年輕人沒有任何懷疑，只相信自己絕對正確？

　　是學校教育使然？或是家庭教育推動？還是甚麼？但是前陣子，有社會賢達說是上流機會缺乏，引起年輕

人不滿，才有上街抗爭行為。但是也有人說：「有部分人相信『不勞而獲』。」前幾年過年就有「不勞而獲」的揮春，而且很好賣。其實欠缺上流機會，少不免跟香港的產業結構太單一有關係，只有金融和地產一枝獨秀，年輕人很難躋身這行業，難道去做銷售員，就有上流機會？不見得。現在社會賢達不再說上流機會，開始聽到社會學專家把這事解釋為「羣眾行為」，大家一起做一樣事情，對不對不重要。

我覺得，凡事有懷疑很正常；相反，一點不懷疑，就很不正常。尤其我一向在銀行打工，對人、對事總有些懷疑。為甚麼？因為銀行主要的工作是保管客戶存款，不容出錯。就算某些客戶上門來借款，雖然是銀行正常業務，但是我們需要對每一筆貸款心存懷疑，生怕借款人以後不還，變為壞賬，數目大的話就有可能拖累來存款的客戶。稍有懷疑很正常，相反，如果毫無懷疑就不正常。所以我對「深信不疑」很有意見，令我擔心的是這種心態竟然在廣大民眾之間蔓延。只要有代表性人物這麼說，就相信是真的。

這也說明香港不少人對真相不在意，很膚淺而且完全不值得相信的傳言，很容易被某些人當作真理。所以造成一種分裂，或許可以稱為撕裂，因為香港在文化上有兩種人，一種人對現況有深度理解，但是不一定發

聲，別人以為他們不知道我們身邊發生甚麼事情。另一種人對現況的理解有限，但是總是反對，而且經常用暴力來推廣他們的立場，讓人害怕。說白了，就是兩種文化，或許說是不同的意識形態在對抗。把這種說法擴大，就是歐美國家的意識形態受到中國崛起的刺激，無法容忍，各方位打壓中國。

奈何，世界已經啟動巨大變化。某些國家抱着「你不對，要打你」的心態，很難有機會可以理性探討雙方的差異，尋求理解與合作。我們只能自己作出改變，適應時代的變化。

1.3 測底線、求勝利的年代

> 表面上追求新的制度，附帶「追求勝利」的條件，就是不能輸的心態，一定要贏。這心態的起步點很可能出自「最要緊好玩」的生活方式。

深信不疑是一種近代年輕人很特殊的地方，但是要先說明，不是對仟何人的說話都會深信不疑，只是對自己同類人會是這樣。他們對同類人稱之為「手足」，情同兄弟，可能在感情上有過之而無不及。所以對自己人深信不疑，自然對其他人就會恨之入骨。最近有一個案例可以借來解釋：有位手足因搞亂被四個人（三女一男）制服報警處理。沒多久，竟然發現其中一位女士的個人資料全部被曝光，就是俗語所謂的「起底」。令人詫異的是她的兒子「大義滅親」，把媽媽的個人資料放上網路，供人觀看。

這件事讓人覺得不妥。姑不論政治上誰是誰非，兒子舉報媽媽，因為媽媽做了一件大家都認為正確的事情。只不過，她做的事對自己的手足可能不利，這個做兒子的來一招「你做初一，我做十五」，把媽媽的個人資料廣傳，似乎把媽媽當作仇人，要媽媽好看。大家說一下，是不是很像文化大革命所說的大義滅親？我相信最可悲的是這位年輕人會深信不疑，媽媽犯錯，就該受懲罰，而他樂意成為「劊子手」，由他來執行。是不是時代變了？

另外一宗事件，也是考驗香港人的容忍力。據說某年高考某一科有一道題，問考生日本侵華是否利大於弊？結果給教育局發現，叫停，要求取消這道題。很明顯，根本一早不應該「出街」。但是負責出題的考評局拖拖拉拉，還講到取消會對考生不公平，根本看不到問題所在。等於說，在德國出道題，問考生當年送猶太人進煤氣室的利與弊。這不是在傷口灑鹽嗎？出問題的那一刻就有問題。就是說有「漢奸」偷偷進來做壞事，如果看不到，失職；如果看到，故意放過，有反動嫌疑，速查。

用內地網絡用語來說明，「這是高手」，就是說：假扮弱智來做一等壞事。給人戳穿了，我是不懂呀，無心之失呀。扮弱智，以為可以不用罰。如果可以混水摸魚，神不知鬼不覺，你奈我何？但是這種「小學雞」的手段，

表面很低能，其實綿裏藏針，隨時戳傷人。要問的問題很簡單：怎麼可以放行？無意的？還是有意的？考試如此，平時上課還得了！證明目前教育出了大問題，而我們一直「讓伊去」，上海話「隨他去」的意思。最讓人氣憤的是一條「盲人都看得出不妥當」的問題，大模大樣在眼前走過而不發覺。這件事讓人深思，為甚麼那班年輕人會深信不疑？他們腦子壞了，看來不似。我看是有高手壓陣，在幕後操縱，只是把關的人很隨意，揮手就過。或許該說在監管部門的問責制名存實亡，人人「讓伊去」，犯下低級錯誤。

過去一段日子，其實看得出來，不少反對政府的人在試水。哪裏是紅線，讓自己在紅線前搞事，執法人員拿他們沒辦法。如果有機會就混水摸魚，跨過紅線，起碼心裏覺得自己勝利。追求勝利似乎是一個隱藏的目的，表面上是追求一個新的政制，好像搞革命。但是看得深層次，其實就是不能輸，一定要贏。這種一定要贏的心態，絕大多數來自年輕人，很少看到上年紀的人會如此死命追求勝利。這麼說，就是表面問題不在政治上，也不在經濟上，而是一種不服氣的心態，不能平衡造成的結果。

這種心態出自現代社會一種畸形生活方式，就是凡事講求享受。享受的核心在於「最要緊好玩」，比如說，

吃牛肉，一般的不行，不夠享受。要吃和牛，味道不一樣，不是一般人吃得起，那就是享受。人沒有，自己有；人有，我多，連吃東西是否享受都很重要。逐漸養成好勝的習慣，起碼不能輸。吃喝玩樂樣樣都要頂尖享受，可以說是四大訴求，缺一不可。要花的錢怎麼來？要麼向父母討，不然向財務公司借？刷卡也行，橫豎都不是自己的錢。

時代變得很扭曲，是非不分，等同大家不能分對錯，喜歡怎樣就怎樣，莫非是年輕人掛在嘴邊的「自由」？

1.4 　主動適應時代轉變

> 時代變，我們要應變。有人或許這樣想：要變，你們變，制度變來遷就我。不然不滿意，甚至要反抗。這樣容易失衡，我們要盡快找到大家都能接受的出路。

香港有句俗話：「世界變。」就是形容我們面對的大環境有所改變，而且是變得不好。下面還有一句：「鬼叫你窮，頂硬上。」意思叫人不要埋怨，隨着世界變化而調整自己的心態去適應環境。這幾句話有一定的道理，也有因果關係。世界變，自己也要變。不能世界變，自己不變。

香港就有些事情，正是世界變，自己不變的案例，值得一提。早前新冠疫情嚴重時，政府已經呼籲減少外出，遵守社交距離。但是集會活動的搞手，一意孤行，一定要搞活動。大家都是一把年紀的人，應該深明大

義，注重公眾衛生是當刻最重要的工作。要搞活動就應該考慮這一點，而不是採取「話之你，我行我素」的態度。如果一定要進行的話，就擺明是跟政府搞對抗，不容置疑。如果在這種情況自己不變，絕對是有隱藏的目的，但是給明眼人看穿，豈不是自己給自己打臉。

香港過去一段日子，讓人看出某些人的心智成熟程度不斷走下坡。比如說，有些反對派的議員，說明要跟政府作對，你說東，我就朝西。有理由也就說得過去，但是為了反對而反對就顯出心智不成熟。受薪而做出這樣的行動，有負納稅人的期望。或許某些人根本不懂反對派應該對議案提出反對，而不是跟議案作對，反對跟作對是兩碼事，這樣都分不清楚，心智怎能算成熟。這些人面對最大的問題，在於失去民心，不能以為廣大的民眾都跟他們一樣心智不成熟。

換句話說，在不斷變化的時代，做反對派的議員也需要改變。怎麼改呢？很簡單，要有平衡點才行。每一個議案必然有利有弊，如何平衡利弊是議員的職責。如果光是反對，甚至為反對而反對，豈不是一般老百姓都可以坐在議會權充「尊貴」的議員，也文也武一番。怎樣才能平衡？把利弊放桌面，給出自己的評價與取向，這才是議員的「議」這個字的真正意義。

議員如此，已經可悲。外面鬧事的人也一樣，心智

不成熟。一句話：「爭取自由。」他們所謂的自由或許跟傳統所指的自由略有不同，他們所說的自由是無規範的自由，做甚麼事情都沒有規範，喜歡怎樣就怎樣。很有意思，這就是所謂的自由。另外一點是人權，人權代表一種權利，但是要記住：有權就有責。很少民主制度只有權而無責。權、責如同孿生兄弟，同時存在。比如說，為求爭取人權就會強調人的權利，而不談人的責任：對別人的責任，對社會的責任。

最不好的事實是媒體選擇性的報導，而是以不利政府的事項作為核心。報導總是以挑剔政府為出發點，為何？當然以譁眾取寵為路線圖，才有銷路。今天的硬媒體，必須要走這條路，加上一般民眾的無知，自然把報導當真，真正體現以訛傳訛，愈傳愈遠。其實這也顯示一種「深信不疑」的現象，媒體說甚麼就信甚麼。如果從另外一個角度來看，必然是由於「認知淺薄」才會容易對某些歪理深信不疑。用「終極推動力」的道理來解釋，就是因為教育工作沒做好，才會認知淺薄，再導致深信不疑。教育工作為甚麼沒做好？因為一早就有人鼓吹「推倒重來」的心態，不過政府並沒有認真處理，容許歪理不斷在校園內蔓延。

有今天的現象，怪不得人，警惕不足，而且懶得處理，一直採取「讓伊去」，歪理積累到今天已經不容易。

1.5 最後一根救命稻草
——房地產

> 追求生活享受的心態很普遍，吃得飽不再是享受。要吃得好、刁鑽才是享受。表面風光很快會成為過去，因為生產力降低是隱憂。只剩下房地產是救命稻草。

　　本地話很有意思，簡單中帶出嚴重的味道。比如說，「最緊要好玩」五個字很簡單，但是「最緊要」三個字卻帶出嚴重的味道。「最緊要」就是不能沒有的意思。所以一講到最緊要好玩，一聽就懂，好玩不能缺。再說，最緊要好吃，不能不好吃。以前，十年前，或更久以前，我們吃飯最要緊吃飽。吃飯時候碰見人，總會來一句：「吃飽未？」好不好吃一點不重要，最要緊吃飽。成語「豐衣足食」就是指有足夠的食物就好，也就是吃飽就好。

　　時代一變，現在是最緊要好吃。在電視節目中，在

報紙、雜誌中，總有專家（俗稱食家或食神）介紹怎麼吃得好，吃得刁鑽，才能變為「人上人」。怎麼吃已經變為人與人之間的「競賽」，當然去哪裏遊玩也是一種競賽，還有各式各樣的競賽，讓大家時時刻刻都處於競爭狀態。所以我對別人問候我有點過敏，比如說，最近去哪裏玩？看北極光嗎？真不知道如何回答？有點自卑，也有點自怨自艾，真的是人比人，比死人。以後在路上，告誡自己要小心，別讓人碰上，最怕別人問候。

這種追求享受的心態已經很普遍，生活的意義就是追求享受。吃得飽不再是享受，吃得好，吃得刁鑽才是享受。大家要理解，享受生活的先決條件在於收入增加。過去十年，香港的確在工資水平有長足的進步，一方面是經濟大環境比以前要好，公司、銀行都賺錢，發放獎金遠比以前疏爽。另一方面，不少新公司出台，希望分一杯羹，因此需要各類人才，在工資、獎金加大力度可以理解。而且聘用的人員不少是少壯派，對生活程度的要求，比前輩大有提升，成為社會消費的中堅份子。

不要小看他們的上一輩，其實也在蓬勃的經濟發展中賺了錢。不一定是從工資的增加而來，最關鍵是他們在房地產方面有令人艷羨的收穫，因為今天的房價起碼是十年前的兩到三倍，有不少人搖身一變為千萬富翁，平時花點錢無所謂，出外旅遊更是不可缺少的活動。在

經濟發達的時代賺錢很正常，只是在這段時間思想上還是老一套：自己顧自己，很少有人扛上一些社會責任，基本上避而不談。事不關己，己不勞心。心態跟他們的下一代很接近，追求生活享樂。

這種想法沒甚麼不對，可以說，放之四海而皆準。但是從經濟學角度來看，香港埋藏了一個很少人提出的問題：生產力嚴重下降。不說別的，光看我們的產業結構就能理解。以前我們有三大製造業，包括紡織與製衣、玩具及電子產品，來支撐我們的經濟發展。這幾年，香港靠的是地產、旅遊與零售，以及金融服務。等於說，我們從第二產業（工業）轉向第三產業（服務），而服務業最重要的是人流。人流來自中國內地，可惜我們某些人自斷財路，抗拒內地旅客，產生多種矛盾，人流大幅減少，影響各行各業。

我們在這時候，該問的問題是：「能逆轉目前的情況嗎？」相信大家都可以猜到，答案不言而喻。我們竟然把剩下的第三產業都給弄垮，剩下的救命稻草只剩一條，靠地產來維持向好的趨勢。地產商提出優惠，甚至折扣來吸引買家，把銷路穩住，但是能夠維持多久，很難講。其他零售業由於網上化，購物不再光顧實體店。不僅如此，甚至出現網上診治、網上授課及網上工作。受高樓價影響，生活費飛漲，現有工資不敷所需。店舖

陸續關門，經濟衰退似乎就在眼前，打工族想維持工作都有難度。但是還有人相信香港是塊寶地，遲早大步跨過難關。我不想，也不敢說些甚麼負面的話語，破壞大家的期盼。但是我要說的是：「時代變，人也要變」。

以後幾章會講到企業的變化，也是來得很快，有點讓人措手不及。

第二章

老闆「進化論」

2.1 昔日的黃金規則

> 以前有兩條黃金規則，說出打工仔的苦惱。第一，老闆永遠是對的，如果不是這樣，進入第二條：重看第一條。等於說，老闆永遠都不會錯。也可以把老闆換為「顧客」，顧客也是永遠不會錯的。記住就好。

為甚麼我要說「以前」，難道現在不是嗎？如果真的是「以前」，那該是多久以前的「以前」？從我的經驗來回答，我說的「以前」起碼是 20 年前的以前。那時候，剛剛回歸，香港不多內地人，我說的老闆大部分是香港人。寫字樓如此，工廠也如此。我當時已經有接近 30 年的工作經驗，所以我不會瞎說。我覺得大家奉行的一條規矩，就是「老闆永遠是對的」。不是說我們打工仔害怕老闆，怕被炒魷魚。其實，我們已經習慣了不讓自己出主意，老闆說甚麼，照做就好，很多時候都在等老闆

的吩咐。當時我們打工的價值觀，就是按照老闆吩咐辦事，自己沒主意。

是因為自己懶？還是因為怕老闆罵？我覺得兩者都不是，其實是不想動腦筋。有不少人認為我是打工而已，沒有理由要揹上老闆的職責，去思考事情該怎麼做？你做老闆，賺大錢，你應該揹責任。你是老闆，說了算，我是夥計，跟着做就好。甚麼主動不主動？可不是我做夥計的責任。所以把話說得漂亮──老闆永遠是對的，其實為自己擋駕。不主動就不會出錯，而且我不懶，老闆有吩咐我就立馬去做，老闆怪不了我。

那麼再以前一點，比如說 30 年前又是如何？還是這一句「老闆永遠是對的」嗎？還是這一句，不過出現這句話之前，做夥計的人會跟老闆商量商量，事情該怎麼做？或許更有可能說幾句老闆不中聽的話，最後讓老闆發揮「老闆永遠是對的」的威嚴，決定怎麼做。就是說，大家會經歷一個討論的階段，如果無法有統一思想，讓老闆作主。那時候的老闆也願意聽夥計的意見，因為自己不一定看得準，有不同的意見總是好事。我當時經常碰上老闆問我，應該怎麼走下一步？好像蠻尊重我的意見，不是說特別能幹，只是環境容許上層與下級可以討論，甚至可以有不同意見，雖然最後還是讓老闆，或許大老闆拍板。

如果大家有興趣問我，那麼40年前的以前又是怎樣？老闆永遠是對的？還是老闆說了算。我告訴大家，別不相信，那個時候的香港剛剛碰上中國內地的改革開放，我們是一個華洋交集的銀行，老外做老闆很正常，但是對內地的一切拿捏不準，經常要靠我們這幫人出主意，到底該怎麼樣才對呢？反而，我們做夥計的人好像是老闆，我們說的話往往成為老闆的「領航燈」。北京怎麼樣？上海又怎麼樣？還有廣州？深圳更不用講，誰也不知道。老闆，連大老闆在內，對內地還是很陌生。我們那一代人運氣好，對內地「稍有認識」而已，但是足夠應付老闆的詢問，所以不是老闆說了算，而是我們說了算。當然，好景不常在，過了十年，我們的認識還是有限，老闆的認識與日俱增，不再需要我們指手劃腳，老闆又變回老闆，我們做回夥計。

　　算起來，差不多每十年老闆就變身一次。最近20年有點長，老闆不再是老闆，老闆不敢發話，尤其是企業裏面的老闆，基本上「火不燒到身邊」好少理。他持有甚麼立場沒人知道，不要說在媒體完全欠奉，內部也甚少發言。下邊的人喜歡怎麼做就怎麼做，只要不出事不要自己煩心就無所謂。到了某一天，誰是老闆愈來愈模糊不清，只是知道老闆在辦公室裏面很忙，沒人見得上。上下班有專車接送，一般人根本見不到，正所謂「神

龍不見首尾」一點沒錯。

　　如果我們還是相信那句老話：溫故知新，肯定吃虧。因為從老闆變形的過程，我們清楚看到溫故，但是不知新。原來新跟故完全沒關係，沒有同一線條上走過來的痕跡。

2.2 成熟企業裏的「自動波」

> 現在的老闆跟以前不一樣，那麼以前的老闆是怎麼樣的？如果是走樣了，企業的業績不是應該萎縮嗎？為甚麼這些年業績反而更好呢？難道跟老闆無關？所以有句話形容成熟的企業進入「自動波」的階段，老闆在忙其他的事。

在我給出個人看法前，我想告訴大家，過去十年我曾經在五、六家大學講課，題目是我最熟悉的「領導力」。我之所以被邀請，是因為我講這個題目很適合，不是光靠書本上的理論來講課。我是以親身經驗跟學生分享，而且自問有條件把這門科目講得到位。有幾個原因：第一，我在 90 年代已經擔任總裁一職。第二，我統領的人員過千，最多那一次過萬。第三，我有中、港、美三地實地經驗。第四，我是絕對願意分享經驗，而不

是把授課看成一種任務。我是用心去做，希望學生能夠有效學習。

但是講這門學科，我有一個很不好的感覺，在座的同學好像不再看重這門學科。領導力？聽完又如何？最要緊是應付考試，除此之外，這門科目完全無法引發同學的興趣。雖然在書店依然看到一些有關領導力的書籍，但是買來看的人不多。我自己買來看看，希望從中學到人家的板斧，可以借鏡。不瞞大家，這類書的確沒有吸引力。專心閱讀之後，用不上。就算想用，可是很死板，用不上力。而且這類書很含糊，不清楚是寫給哪一層領導看的？給最高層？不像；中層？又好像有點懸疑，不一定看得懂。

而且，其中存在一個大問題：內地的領導是講一個級別的人物，對這些人的要求跟西方書本上的要求可以完全不同。在內地說領導力，就很明顯不一樣。內地的意思是指某領導有某種能力，能夠讓下層的人放心做事，因為出了問題，放心，領導能夠出來擺平。書本上說的那些能力，不一定有關係。領導甚麼也不懂也沒關係，只要在關鍵時刻能夠把事情擺平，不惹事。有背景的領導就遠遠比沒有背景的領導「有用」，無用的領導有等於無，要來幹嘛？在多年前的香港，領導真的是帶兵作戰的人，要有明確的方向，要有動員千軍萬馬的號召

力，還要有指揮若定的情商。現在不一樣了，這種領導已經成為「稀有動物」，不再發號施令，只是坐在辦公室發電郵。其他時間都在開會，一個接一個，每天開完會，也就完成一天的任務。跟員工沒有接觸，跟客戶也沒接觸。真的有如坐在「象牙塔」，靜觀事態發展。

缺乏領導力的領導還能算是領導嗎？莫非只是組織架構圖上站在上層的人物？我在中資銀行工作三年，充分理解「領導」只是一個名稱，或許是一個尊稱。時時刻刻都聽到有人在稱呼別人為領導，幾乎沒有人不是領導。我仔細研究過，原來我說「每個人」都是領導有點不公平，不是這樣的。讓我解釋一下銀行上層的架構。行長自然最高級，下面（或旁邊）有四、五個副行長，加上財務總監、人力資源總監組成一個所謂「領導班子」，是銀行內最高領導人，掌管全行的業務與行政工作，全部自然成為領導（不是領導人）。在下一層有各類部門的總經理（俗稱部門老總），例如個人金融、企業金融、產品設計、稽核、合規等等……連其副手，各有一到兩人，都算是領導。下級員工稱呼他們為老總，全行大概有四、五十名部門老總。可以想像，全行隨時有五、六十名老總。所以一般員工，不管看到誰，只要稍有派頭，稱之為領導，肯定沒錯。

問題是：這些老總是否都接受過正式的領導力培

訓？肯定沒有。有的因為年資，有的因為「裙帶」，有的的確年少有為，但是缺乏正式培訓不稀奇。我身為行長，自然看不過眼，希望盡快成立培訓課程，提高眾人的領導水平。但是又面對另外一個意想不到的問題：下級員工不一定喜歡上級學太多，學會之後，管理加強，下級員工的日子不好過。以前大家彼此間有默契，你是上級，我身為下級自然懂得如何「服侍」上級，上級自然懂得如何「栽培」下級，大家有種不成文的習俗，大家倒也相安無事。上級去了培訓，反而令人不安，以後會怎樣？不知道。有不確定因素都不是好事。

所以在內地，提供領導力培訓總是遇上「心不在焉」的現象，得過且過很正常。所以當時要把我從外空降而來，目的是帶來國際經驗，看來有一定難度。反而，在香港（我說的是十多年前），有一班 30 來歲的年輕同事，平時工作甚為努力，欠缺的是領導力的培訓。如果銀行能提供這種機會，絕不會放過，有經驗，有學歷，相輔相成，絕對是好事。但是這幾年，根據我的觀察，形勢有變。領導力培訓成為累贅，高層領導不把這種培訓當一回事，表面上有，實際上不重視。領導力的培訓成為「明日黃花」，很少有高層領導關注。想起以前的日子，我還年輕，一年起碼兩三次培訓，包括領導力。兩三個星期，還包住宿，以示銀行關注。上完課之後，最高領

導（即董事長）親自駕到，聽大家匯報，他會逐一檢視每個學員學到甚麼？有甚麼會帶回工作崗位運用？真的有點像偵探查案那樣，不讓任何線索漏網。

　　講到以前是這樣，不要以為現在還是一樣。我說溫故，而不知新，就是這個道理，新的時代跟以前是兩碼事。書店裏還有些書講領導力，但是領導力培訓似乎已經煙消雲散，沒有甚麼機構、銀行、企業會有太大的興趣搞下去。可以想像，領導力自然減弱，很正常。

2.3 摸清升職的門檻

> 每個人都想升級，這想法很正常，不管在甚麼時候，總覺得時機成熟，是時候輪到自己。有時候，自問過去一段時間業績不錯，工作態度也很好，應該升級。這種舊觀念不正確，現在審視標準不一樣，對打工仔來說困難多多。如何調整心態與提升能力，缺一不可。

我以前在滙豐銀行工作的時候，算是拼搏，經常想升級。但是門檻很高，升級絕對不是容易的事情。原來滙豐內部的要求分類很多，記得有 13 項，好像俗語所說：「十八般武藝，樣樣齊才行。」我現在還記得幾樣：分析、表達、洞悉、決策、抗壓、自信、前瞻等等，想要甚麼都高分，除非「超人」，不可能。一句話，沒有幾分材料，想要升級有難度。看起來，蠻科學化，樣樣都

要給出證據，何以證明？不是說，這人挺不錯的，就給高分。證據確鑿，要講明白，絕非易事。想要老闆花時間給你一個絕好報告，不如求神拜佛來得簡單。

這種評估的辦法，每兩年做一次，有點道理，「十八般武藝」不會年年有進步，隔年審視很合理。業績考勤好不好，每年做，也合理。成績好的有獎金，跟升級沒有絕對關聯。所以不要以為業績好，就可以安心等待升級的到來。這種對能力的審視方法由英國輸入，起碼在滙豐很管用。誰該升級，誰不該，有明確的指引。老闆的評價總有多少「偏私」，無法避免，但是要寫出證據可不是「偏私」的老闆可以隨意編製出來。相反，老闆對你不滿，要「寫死」你也不容易，同樣需要證據。說實話，做老闆的很怕做這種評估，說人有判斷能力，要用甚麼證據呢？一來，很難量化。二來，作出的決定經常滯後，要一段時間之後才能裁定這個決定正確，具備高度的判斷能力。說是客觀，但是無法避免主觀，這樣一來，只能說人好，否則，要說人不好，肯定有爭拗。

不能否認，有客觀的評估總好過主觀的評價。大老闆說某人「不錯」，某人就升級，這種做法逐步減少。等於說，每個人的機會多過以前，那是好事。但是令我感到奇怪的是這種客觀的評估方法不再存在，能理解這方法的確繁複，卻能夠給人一個客觀的評估很公平。為甚

麼會消失呢？同時，每家企業，或銀行不約而同叫出「以人為本」的口號，難道採取主觀的評價會比客觀更為重視人的發展與晉升？

　　有人告訴我，這種變化是有原因的。最近幾年來，人事流轉太快，尤其是中高層，兩、三年就轉變工作崗位。等於說，不等機會來，自己去找機會。先前所說的能力考核制度雖然好，但是等的時間太長，沒興趣。我無法證明這種說法正確與否，但是人員流動性加快是不辯的事實，再花時間、精力來培養人才似乎不合時宜。要尋覓人才，在市場挖角容易得多，難怪「獵頭」公司生意很好。說起來好像是笑話，像我這樣的人，老早退下火線，也會碰上獵頭公司的查詢：「有興趣嗎？我們覺得你很適合某一份工作。」真是令人啼笑皆非。

　　但也說明市場上缺人現象普及，不缺「人頭」，而是缺乏合適的人頭。同時也看出公司方面快速開展業務，需要各類人才。是好事？還是壞事？很難講，但是過去三、四年，各種企業都在動腦筋，如何用「創新」這一招來搶市場，創新成就不少新的職位，也製造不少人換崗的機遇。同時，也產生另一種需求，需要合規人才，因為創新跟合規分不開，但是合規的人才不多，很可能產生濫竽充數的現象。這也說明人員流動變為一種「新常態」，有需求就在市場挖人，不願意栽培人才。

說起來像是笑話，有些人來來去去，根本跟老闆交往不多。只知道他的名字而已，其他的認識不深，雙方的關係只是建立在業績上，好則留，不好則走。這種變化讓我覺得很無奈，但是不可改變。相信以後的改變更多與更快，時代在變，我們也要變才能追得上。

2.4 菩薩一般的老闆

近年來，老闆不像老闆，有點像怕做老闆。給我的感覺是，以不變應萬變，上級跟下屬最要緊保持距離。各自為政，最多在例會上見個面，聽聽進度。上下級很少討論業績以外的事，彼此很陌生，團結一致是空話而已。老闆好像變為組織架構上一個點而已，不是好現象。

我在銀行做過大、小老闆 20 多年，可以很簡單三句話總結老闆的職責：「前面指；後面推；中間喊。」怎麼解釋？指出方向，別瞎走錯冤枉路；推動大家，有困難咬緊牙關；喊話加油，齊心合力勁道足。三道板斧，缺一不可。可是這幾年，形勢有點不對，做老闆的人不講這些應有的板斧。上位有如上神台，變成菩薩，任由信眾參拜。為甚麼會這樣呢？有好幾個原因，讓我逐一

說明。

大方向不需要多講，化為業績指標，每年增長多少就是大方向，而且有獨立性，跟大環境似乎沒有太大關聯，好要做到，不好也要做到。推動力跟隨年終獎金，獎金高推動力強大，不用推動，幾乎全自動。這種變化，帶來一條新路線給各位老闆，全自動，老闆甚麼也不用煩，平心靜氣做菩薩可也，請信眾準時參拜便好。你不信？試看過去一段時間，你看過哪幾個老闆出來講過話，前景如何？如何推動經濟發展？自己有甚麼計劃？大家進入「悶聲發大財」的境界。

講到發財，發財也是悶聲不響的原因之一。因為現在的待遇隨着過去一段時間的經濟增長而一路向上，所謂水漲船高的現象把老闆的待遇推高，大家心中有數，現狀千萬不要有任何改變，待遇就不會調整。說起來，有點像「音樂椅」那種遊戲，誰先搶到椅子就不會輸，坐在椅子上靜觀其變。這種心態帶來一種抗拒的力量，我從過去幾年講課的經驗就能感受，講甚麼領導力，沒興趣，何必要聽這些無聊的東西。如果來聽，不就是說明自己無料，要跟別人學習，怎麼行？

簡單一句話，老闆（或領導）在位太久了。有的甚至十年以上，唯一的優點就是駕輕就熟，但也是缺點，沒有改進的動力。這一點，我在民生銀行的時候，就發

現他們的制度值得學習。他們是三年一任，任期滿可以再續三年。兩任之後一定換人，他們叫換屆，而且不只換行長，整個領導班子都要換。當然也有不少情況是一任之後就換，不能勉強。但是這樣不是沒有問題，換上來的人不一定是業內人士，很有可能是「行政領導」，不管事，不管人，只會拉關係。

內地經常講改革，最流行的是制度改革，甚麼意思誰也說不清。其實最需要改革的是專業化，不要經常出現外行人講內行話，瞎扯。下面的人也不敢說上層的話有甚麼不妥，照樣錯下去，結果錯誤太大，一個人吃不消，才浮出水面。所以要改，不是領導制度，是一種態度，不怕錯誤。而且勇敢面對錯誤，集眾人之力想辦法解決問題，減低錯誤帶來的影響。如果一直怕出錯，錯誤真的發生了，想辦法遮蓋，希望沒人發覺，結果演變為悲劇。勇敢承認錯誤，及早修正與補救，務求減少損失才是解決方案。

這些年，有另類的改善，就是審計部門的力度加大。審計在香港叫稽核，我覺得稽核似乎比較合適，因為審計似乎指數目上的檢查，而稽核覆蓋定性與定量的檢查。不管怎樣，這種功能協助老闆或領導查找不足以及發生的原因，找到源頭就有機會防止錯誤的重現。審計有點像平時我們做的體格檢查，幫助我們提前找到身

體不妥當的地方，早日醫治，好過諱疾忌醫，到了來不及的時刻，才後悔。一樣的道理，能夠改變思維，好過制度改革，因為後者不管個人，只是制度不妥當需要改革而已，沒有實際效果。

2.5 「甩鍋」文化日趨嚴重

老闆不管事很普遍，不過不是沒有原因；管不了最明顯，逐步形成老闆不濟事。說的難聽，類似俗語：「佔着毛坑沒動作」；反過來，說句公道話，現在的打工仔不比以前，他們腦子裏裝的是三句話：「別管我，我沒錯，錯在你。」你說，這樣的人怎麼管？

記得我在中國民生銀行三年任期屆滿之際，給全體員工一篇告別贈言。我先誇獎各位員工的成績，接着鼓勵大家努力不懈，再創高峰。接着說到人的心態有變，大家要注意。甚麼變化？八個字就可以概括：自以為然，不以為是。對自己說的話，絕對正確，絕不認錯。對別人的話語，嗤之以鼻，不當一回事。大家變成一個個分割的個體，不再講求合作、團結，做事會很費勁，

而且效果不好。可惜是沒有解藥，只會惡化，難以改善。我無意醜化任何人，只是看到態度的變化，將來很有機會成為騰飛的絆腳石。

為甚麼會有這樣的感覺呢？第一，經濟快速發展，銀行業績上升，股東、管理層、員工皆大歡喜，獎金高不在話下，可能比工資還要高。製造一種前所未有的滿足感，買房的買房，買車的買車，買股票的買股票，這種收入的提高帶給中國內地前所未見的消費力，也促進國家的繁榮。如果要我量化我們的業績，看幾個數字就能理解：銀行的資產規模在我上任之際是 7,000 億人民幣，三年後三萬多億；利潤同樣增長接近 4 倍。不敢自誇，把業績看成自己的功勞；其實是大環境的變化，市場全是流動性，投資與消費帶動經濟發展。的確了不起，我在銀行這麼多年工作經驗，從未看過這樣快速的發展。我認為這是中國內地第一次讓老百姓看到財富的創造，而且不少是跑到自己的腰包，試想一個小分行的經理隨時年薪破百萬人民幣，怎麼能不自豪？甚至不驕傲？好多場合，我作為行長總要叫大家當心借貸的風險，不要得意忘形，可是沒用？因為他們知道，滿地黃金，手腳不夠快，自己吃虧。我說甚麼，都當耳邊風。這不就是我說的話「不以為然」，而他們「自以為是」認為自己是對的。

第二，讓一部分人富起來，絕對正確。真的是富起來，不容否認。每個家庭都有經歷過文革的日子，不要說錢，日子不好過千真萬確。現在一下子富裕，這種扭轉把人的思維改變，我為甚麼要考慮別人，自我陶醉的日子造成自我中心。如果我們幹的是其他行業，我的擔心或許不必要。但是銀行的借貸最基本的要素就是要「審慎評估」風險，稍有不慎很容易造成不良貸款，影響利潤。而且，粗心大意有傳染性，從下而上，或從上而下，很容易大家掉以輕心，出問題就太遲了。

　　第三，領導人沒有發揮領導力，有時候為了業績，漠視借貸風險。但是大家明白，有問題要靠領導的臉面來解決，有這種能力足夠有餘。有領導在後面撐腰，膽子自然大很多，對錯不管，先下手為強。幸好在經濟態勢良好的情況下，貸款出毛病的機會不大。平心而論，我算運氣好，碰上「良辰吉日」，一路順風順水，沒有遇上麻煩，也不用多說話。但是心裏很明白，貸款出了問題，還是要自己承擔責任，不能不指出風險，要人當心。我也理解，我的話甚少有人很專注，因為我說的那些情境在良好的環境下不會出現，不聽也沒甚麼關係。

　　所以在內地講課，如果是講領導力的話，很有可能是浪費時間，因為大家關心的是領導者的能力。甚麼能力？能夠為員工消災解厄的能力。如果某領導者的背景

夠硬，能夠逢凶化吉，這種能力才能讓這位領導者被視為名副其實的領導。相反，如果出了甚麼事，這位領導者要當事人自己去解決問題，就不算是一位有本事，具備領導力的領導。

過了好幾年之後，現在的「心聲」跟以前不一樣。現在隨着大環境的變化，現在後一輩的人想法又邁前一步。現在是「我沒錯，錯在你」，不管怎樣，人活着就是要找別人的錯，而且必須強調自己沒錯。最近幾年，我們在香港就能深切體會，不管何時、何地好多人都是在找別人的錯，等於俗話說的「甩鍋」給別人最重要。甚至在國際社會也一樣，有甚麼事情不對，第一時間想到的是「甩鍋」給別人。錯不在己，錯一定在別人。

這種心態更是「拒人千里之外」，基本上無法溝通。很奇怪，這種思維在現今社會愈來愈普遍。自己如同絕緣體，跟身邊不同意見的人完全不搭界。

記得我第一本書剛出版，有位讀者，也是舊同事，晚上一看就看到天亮，看完才鬆口氣。他還說，有點像看武俠小說，一開始看就停不下來。當然，他是舊同事，看到書中的故事引發同感，自然產生繼續追下去的動力。現在我看別人的書，就算是有人在報紙上稱讚不已，我看起來總是不過癮，看一會就想擱下。要看下去，可能因為書是花錢買的，不看豈不是浪費自己的零用錢。有點像強迫自己去做一件不喜歡的事情，不爽。

　　如果我說的現象屬於大眾化的問題，值得深入研究到底是甚麼原因？我們可以回到「我是誰」這個問題上。如何介紹一個人不容易，要介紹自己更難，要講多少才夠呢？很討厭，沒有一個有根據的說法。但是我卻有這樣的經驗，話說當年我主管中國業務，經常代表銀行發言，銀行不想我出糗，給我安排專業培訓。上台講話，面對聽眾，眼神接觸，語調高低等等，都有專業人士為我示範。照辦煮碗就不會錯，但是要上手成為半個專業就不容易。其中有一個數字，可以稱其為「神奇的 13 秒」，它是一個平均值，從成千上百的演講中得出的結論。專業人士會這樣解釋這 13 秒：「當講演的人講過 13 秒以後，聽的人開始轉移注意力，不再聽下去，反而會注意無關重要的東西。」例如：講的人為甚麼會挑這條紫色領帶，配他灰色西裝頗為突兀。還有，頭髮有些翹

起來，起床後一定是急急忙忙。

這個 13 秒原理我經常用，也會告訴來聽我課的同學，不信試試看，超過 13 秒後對方的注意力就會下降。當然有人會說，我是這樣，因為我講的內容乏善可陳。如果換了另外一個人，比如說阿里巴巴的馬雲就不一樣，很可能大家會一直挺到底。那是真的，我不會反駁。但是我說的是一個平均值，不要跟我爭拗，說是 20-25秒左右，相信放之四海而皆準。如果這個數字可信，我們就要小心，在介紹人的時候，該說甚麼才對呢？

剛才所說，我們經常用太多的篇幅來介紹，尤其在內地，講了一大堆，但是聽的人老早就在看手機，沒人有興趣。我過去幾年，經常講課，上台前司儀會簡單介紹我的背景。這方面，我有經驗，大致上知道對方如何介紹我。首先，不會很長，大概半頁紙。要讀的話 3 分鐘讀完，但是一般沒人會抓重點。聽的人就有點不耐煩，開始對司儀有點反感，甚至對我這個講者也有點反感。試問：「這樣的開頭，是不是給我添亂？」司儀讀之前，難道沒看過嗎？可能有，也可能沒有。因為要讀半頁紙，對一般司儀來說，沒甚麼大不了。所以不會先研究一下，到底這東西是不是很精簡。而且是別人寫的，照讀可也，何必自尋煩惱，要去改動。

以我為例，怎樣介紹才能精簡而到位呢？一定要帶

出一個最重要的信息：此人很了不起，尤其是聽眾付費而來，否則對不起聽眾。怎麼了不起？需要有判斷。在今天的商業社會，要人作出獨立判斷幾乎不可能，最好是有人扛責任，幫自己作出判斷。所以，要講甚麼才對，最要緊把材料全部放進去，寧多勿少。像我這樣年資長，工作崗位繁多的人，一般人不知道如何處理我的簡介。不說別的，光是年資，就接近 50 年。你說，要簡短，怎麼辦才對？

所以我在台下準備上台之際，總是要等上好幾分鐘，聽的人也開始不耐煩。司儀等於是幫我「倒米」，冷卻聽眾情緒。其實不難，比如說，講演題目是有關外資銀行在內地經營所面對的競爭，那就可以強調我是少數（甚至是唯一一個）在內地股份制銀行擔任行長一職的人。不用說到我在香港做過很多項目，甚至出任零售業務的主管，根本不搭界，提出來就是浪費時間，不必要。

3.2 人為自己吹風

> 　　有位在北京的前輩告訴我：「本地人喜歡吹牛，也可以說是吹噓，等同香港人所說的吹水，不過都不比吹風重要。」吹風就是不討人厭的自吹自擂，有時候很有用。聽起來，有點像加鹽加醋，但是有一定效果。

　　前面講到「我是誰」，帶出一個相關的信息：我們應該怎樣介紹別人？尤其是在一個演講的大場面。我認為技巧在於抓重點，接地氣，千萬不要按稿讀。就是要用簡潔的文字來告訴聽眾，上台講話的人是誰，希望帶動大家聽講的興趣。其實，介紹別人固然重要，但是介紹自己或許更重要。可以說是一種本領，如果掌握不好，很有可能影響自己的發展路線，我就是其中一個例子。

　　我一直認為自己努力工作，只要做出成績，終歸有

一天會出人頭地，所謂「有麝自然香」的道理。我也相信考核制度，工作表現應該可以經過客觀的評估得到認可。但是這種情況似乎把自己的前途完全交給上司，自己沒有任何話語權，有點危險。我運氣好，在仕途上一路都有好的上司，經常為我吹風。他們的話翻譯成中文：「這個孩子還不錯。」算是很慷慨的吹風，但是對方聽到，不會覺得自己碰上稀世奇珍，「好孩子」只不過是一般性的恭維而已，雖然聽起來會好過「壞孩子」。

像「好孩子」這樣的介紹或評價，我覺得已經足夠。因為在 20-30 年前的日子，華洋共處，只要彼此之間沒有爭議，和平相處，上級就覺得很滿意。彼此之間，只存在好與壞而已。好像我剛才說，我是個「好孩子」，這種評價算很好。反過來，某個年輕老外很討人厭，舉止怪異，行為不檢，我們就會稱之為「衰鬼」或「死鬼」。我們不需要說清楚，他們到底衰在哪裏，大家都明白此人大概怎樣。所以，年輕時候被稱為好與壞，影響不大。但是，隨着九七來臨，銀行開始挑選本地人上位。這時候的評價就不能說好與壞，必須細化。

當時大家習慣說一個人叻仔，叻就是能幹的意思，但是也有隱藏的意義，說一個人腦子轉彎快，但是不一定喜歡幹活，這也是叻。明顯有雙重意思，或許三重，因為叻也可以形容一個人會鑽空子。所以說人叻，一定

要搞清楚甚麼意思。滙豐銀行在這個主權移交前後，開始把本地專員定位，但是不會很籠統說某人很叻。銀行高層會有細分的定義，說一個人值不值得提拔，會有 13 項考評標準。隨便說幾個：遇困難，是否堅忍力行；遇難題，是否細意分析，果斷判斷；遇機遇，是否洞察先機；要表達，是否清晰明確；要動員，是否將士用命；遇風險，是否穩步慎行。

換句話說，到了一定高度，給人的評價不再是「叻仔」，太籠統了。評價開始細分，人家會說，某個人看局勢很準；也可能會說，某個人表達明確。一個人的優勢有如人的手指，有的特長，有的略長。銀行高層會因應專長，而安排工作。但是一路升級的結果，比如說，升級成為一個地區的總裁，人的專長就會逐步消失，總之是一位「醒棚」的人，好像樣樣都了不起，其實不然。比如說，我到中國民生銀行擔任行長，大概從來沒有人會問我的背景，到底哪裏「醒棚」？大家都會這樣想，如果不是「醒棚」，又怎麼會升到這個職位呢？不用問清楚。

所以，要介紹一個人，如果此人站在高位，我們只能介紹此人擔任過的職務。但是對台下的聽眾來說，講了等於沒講，總之「醒棚」就算。很少有人會說，今天的講者在國內外工作多年，對於國際形勢有深入研究，值得大家關注。問題是，介紹你的司儀不做深度介紹，只

好自己來介紹，主要目的是要別人知道講話的人跟他要講的題目有密切的相關性。說起來，有點像自己為自己吹風。我們的民族性一般不屑做這種自己為自己吹風的事，我覺得我們應該告訴別人，我懂這門學問，不是因為我的職位，而是我曾經下過功夫，深入研究，知道底細，所以才上來跟大家交流。

或許我應該說句對不起，因為我用吹風兩個字很可能產生誤解，因為吹風會讓人想起「無中生有」，吹牛之類的行為。其實我不是這個意思，我只是想說，很多時候彼此並不認識，就開始交流一些嚴肅的話題，怎麼會有好結果？我是有感而發，由於在銀行界工作接近50年，看我的背景只能了解我的職務，而不是內涵。很有可能，我的同事，甚至上司都不一定知道我的內涵。

不能不接受的事實，就是別人根本不會關注自己。不要期盼別人對你有足夠認識，能夠把你的背景與內涵清晰明確介紹給別人。要靠自己，怎樣介紹自己？大家試試看，自己做幾個版本，一個30秒，一個1分鐘，另外一個2分鐘。準備好了，自己多看幾次，記住。等到有機會就可以用得上，而不用四處張羅。緊記，是吹風，不是吹噓，也不是吹牛。

3.3 不要忘記自嘲

自嘲有許多接近的意思。可以是調侃，也可以是挖苦，對象不是別人，而是自己。廣東話有句俗語，叫「鋸低自己」，或許就是矮化自己，讓人一步，能讓就能談下去。不止是謙虛，更像謙讓。「退一步天空海闊」那個退字就有讓的意思。

上一節說到為自己吹風有一定的道理，但是吹風可不是絕對的好事。很多人不屑這麼做，而且也看不慣別人這麼做，逐步變為「不君子」行為。很難怪，我在內地時間長，看過不少自我吹風的場面，可是一般都是往自己臉上貼金那一種吹風。從無到有，或許從有到多，再從多到威震四方，讓人覺得此人作大，其言不可信。所以有內行人說，在內地聽人講話吹噓自己，信一半都上當。當然，那是吹噓，我不反對。但是如果是吹風，給人打對折，起碼還有一半是真的。

從以上所說，大家可能會覺得我說得不對，吹風等同為自己挖坑，智者不為。或許我該補充一下，吹風是給人一種作大的感覺，吹的愈屬害，愈沒人相信。但是，如果在吹風過程中，來一句「自我調侃」或「自謔」的字句，馬上可沖淡一切。等於有彈有讚，聽的人自然產生興趣。自我陶醉的人很多，但是懂得自我調侃的人不多。

首先，我們要了解聽眾，一般是普通人，普通人容易受環境影響。現在的環境驅使一般人追求「好」。第一個好，要住得好。以前的人有句話，生活最要緊是「有瓦遮頭」，就是形容自己不要窮到下雨都沒有地方躲雨。現在可不一樣，要計算人均居住面積，不能少過均值。其他配套設施一樣要好，比如說，要有健身房、游泳池、網球場、會所，加上海景，變成五大訴求，缺一不可。住得好是第一個好。

第二個好，是想長得好。但是長得好不由自己決定，由父母的基因決定。但是穿得好，起碼可以滿足一部分長得好的要求。所以，大家都想穿得好。穿得好跟穿得好看是兩回事。有人穿得好，表示身上的東西都是名牌，好東西，而且貴，但是不一定穿得好看。穿得好看就不一定是名牌，講的是顏色、款式的配搭。穿得好是一種很正常的追求，大家不應該有異議。如果穿得好看的人，又是長得好，那是雙喜臨門，不過甚為少有。

第三個好，就是要吃得好。又是以前的話，民以食為天。當時的食，指的是吃飽喝足的意思，並沒有說要吃高價而滋補的東西，好像鮑魚、魚翅、燕窩這類東西。現在不一樣，雖然不是說要吃名貴的東西，但是要吃的「刁鑽」，一般菜市場買的肉不行，不能算好，要吃韓國的和牛才能算是好。最近流行私房菜，人均消費起碼一千，加上酒水隨時兩千。甚麼是好，甚麼是不好，看價錢就可以分辨，貴就是好，便宜就不好。

　　經濟好，賺錢容易，花點錢讓自己生活好，無可厚非。起碼大家追求住得好、穿得好、吃得好，一片向好。久而久之，大家會忘記甚麼是不好的，原來世界上還有不好的東西。講話也一樣，要去介紹一個來講話的人，當然我們會找到各式各樣好聽的話來介紹他，但是效果不一定好，因為大家聽慣了，都是恭維的話，左耳進右耳出，無心裝載。

　　如果說，自己上台，來一個挖苦或調侃自己的話，不用長，兩三句就夠。台下的聽眾馬上感覺不一樣，起碼會專心聽我講甚麼，因為他們在等着我再來一次挖苦或調侃自己。看別人出糗或出醜（尤其在台上），特別過癮，因為一般人都有種幸災樂禍的心態。你不信，如果你的老闆在罵某個人做錯事，自己特別爽。現在，台上那位有名望的人竟然開口挖苦自己，不亦樂乎。

我在 2006 年加入中國民生銀行做行長，不少人不服氣，認為我是「空降部隊」，屬於外邊的人，理應是靠裙帶關係而進入他們的體系，而且位居要職。而且要上台「訓話」，肯定不爽。等我講話，就想看我怎麼挖坑給自己跳下去。上台之前，司儀多元化介紹我，先是滙豐銀行 30 多年資歷，再是美國、加拿大海外經驗，好不威風。但是我相信，台下的人一點不把這些東西當一回事。外資銀行或外國經驗有甚麼了不起？我知道，我如果能挖苦、調侃自己幾句，台下的人一定會專注，希望我繼續嘲笑自己，讓他們有短暫的滿足感，還有可能認為我這個人有點不一樣，大家或許合得來。

　　我在台上告訴大家，我來自香港，正在努力學習普通話，以便跟大家無縫交流。剛學會「挖坑」兩個字，形容香港人來北京工作，如同為自己挖坑，隨時掉下去，表示工作不易為。我繼續說，我這回更難了，因為是空降而來，肯定摔得更慘。引來哄堂大笑，當時我相信沒人分得清，我到底是敵是友？先前的介紹全是空話，我這句挖坑給自己，反而把大家距離拉近不少。後來任期三年怎麼樣？你猜呢？

　　大家試試看，為自己編排一段自嘲的話，不超過 50 個字，涉及一個小故事，幫自己鋪路，拉攏聽眾與自己的關係。

避免自嘲的誤區

> 自嘲有點像自謔，但是不等同自貶。功夫在於讓人看得出：自己還是有幾道板斧防身，說話客氣而已。讓對方一聽就知道，自己是綿裏藏針，要打醒精神應付。但是不讓對方覺得自己軟弱，很怕事，隨時可以騎在我們頭頂上。

自嘲是一門學問，不容小看。如果用力過度，變為自貶，降低身份不應該，或許也不值得。好像我在上一節講到自己在民生銀行上台講話，用了一招自嘲，說自己挖坑給自己，但是用跳傘跳進去。這裏面，為自己挖坑是自嘲，用降落傘就有點自傲，等於暗示自己並非一般人。內地人把這種講話叫做「綿裏藏針」，粵語叫「話中有骨」，目的只有一個，就是客氣告訴下面聽的人，跟你客氣，不等於我是一般人，粵語的意思是「別把我當

二打六」，我有幾道板斧防身的。

老實說，的確不容易拿捏準確。在內地工作，有如跑江湖，隨身要有幾招應付突發事件。打工也一樣，我們去做一個單位的領導，總是覺得有高深學歷，有海外經驗就足夠有餘。其實在內地，做領導不一定要看學歷或家底，認得誰更重要。認得人就是說，可以跟這個人說兩句好話，把事情擺平。如果告訴人家自己空降而來，人家必然相信我有後台，認得某些有力人士，以後出了事，可以找人擺平，大家就少了後顧之憂。這個領導肯定是好領導，能夠化險為夷。

我聽過某些香港來的領導，講話很客氣，說甚麼「我來跟大家交流、學習」，其實有點懸，懸就是不妥。來學習就不是來做「貢獻」，反而是來找便宜。記得我當年到上海出任滙豐銀行的一把手，從經驗中學到很重要一句話。我們外資銀行不是要來賺錢，那是遙遠的將來才有可能的願景。相反，我們今天是來做貢獻的，不管甚麼貢獻，只要是貢獻就好。後來，我大江南北四處跑關係，手裏捧着這句話，我們是來做貢獻的，結果四處受用，很容易建立良好關係。等於老外所說的「給」與「取」（Give and Take），兩者要平衡才算公平。但是在這個地方，這個時空，「給」比「取」重要多了。不過先說好，明人不做暗事，嘴巴這麼說，手腳也要這麼幹才行。不

要說一套，做一套，讓人發現，後悔莫及。

在香港，我覺得一般人有種「不在意」的態度，不在意就是無所謂。不過也很難怪，一般人很少機會公開講話，講得好或講得不好沒區別。就算小規模的會議，十個八個人那種，席上也不多見我們的單位領導發表意見。一方面可能是上級領導並不鼓勵普及化發言，大家聽主席一個人講話就好。另一方面可能是自我壓抑，覺得自己人微言輕，哪有資格發言。專心聽就可以交差，不必發表自己的看法。自我壓抑的情況頗嚴重，逐漸把自己弄得不會講，甚至不敢講（或者兩者互有因果關係）。

我們身邊的人面對另外一個問題，就是希望自己講話要有條理，夠系統化，不可以斷斷續續。所以在講之前，要在腦子裏準備妥當，好像要等音樂的七個音全齊了才能開始，而不是先來「多來米」三個音，然後一路講，一路把下面的「發送拉」三個音接上去。其實我們的腦子是可以一路講，一路駁上去的。但是我們總覺得這樣不行，容易出糗，所以一定要準備好一套東西才敢發言。問題是大家不等你，別人把你想講的話先講，你就會覺得自己「執輸」，算了，下次再來。但是歷史告訴我們，下次也有可能是這樣，輪不到自己發言。久而久之，自己習慣不發言，就覺得這樣的我才是真正的我，躲在安樂窩很好，無風無浪。

記得我多年前有個講座，講到這個問題。我把它稱為「圓圈的故事」，跟大家分享。話說有家跨國企業，業績逐年下降，換過兩個總裁也沒用。結果新總裁聘用諮詢公司來調研。三週之後，諮詢顧問向公司高層解答問題所在，大家聚首會議室。顧問先在白板上畫一個圓圈，再問所有高管：「這是甚麼？」沒人回答。問了三次，依然沒人回答。顧問笑笑說：「這就是貴公司的問題。明明知道是甚麼，卻沒人說出來。」他接着說：「前天他去過一家幼稚園，問過同樣問題。沒想到小孩子不停給出答案：地球、眼珠、乒乓球、蘋果，以及其他林林總總的東西。為甚麼變成高管就默默無言？」

是甚麼原因呢？顧問接着說，有兩種壓抑：一種自發的，不想跟你玩這麼無聊的遊戲，所以悶聲不響。另一種是經驗累積而來的，過去的經驗告訴大家最好不發表意見，免得給老闆小看。可以說，在老闆面前說甚麼，都是錯的。結論就是這種壓抑讓這家公司無法產生創新的思維，導致業務裹足不前，甚至年年下降。

簡單的故事說明壓抑是一種嚴重的病態，導致故步自封，不求進步。你說是不？可否在進入下一節之前，想想自己的公司有沒有這種情況，有的話，是甚麼呢？不妨花時間寫下來，找機會跟老闆談談。

3.5 尋找最大公因數

我講過一個題目，叫「烏托邦」的缺失。烏托邦是個理想國，難道沒有缺失嗎？有的話，有哪一點是大家都認同的呢？找出 HCF 就有答案。數學上稱之為「最大公因數」，就是每一個數目都有這個因子，而最大那個因子就是最大公因數。

學過數學的人一定會知道甚麼是最大公因數，英語是 HCF。最大公因數還有一個兄弟，叫最小公倍數，英語是 LCM。兩者之間有很大區別，但是少數人會花時間去研究，因為兩者都是跟數學有關，管他幹甚麼？但是，聽我解釋後，你會開始重視他們，因為他們帶來莫大的幫助。

過去好多年，不管在香港，還是在內地，我經常聽匯報。匯報材料總是一大堆，沾邊或不沾邊沒關係，全

部放進匯報材料。不要以為我在銀行的同事如此，就算出名的諮詢公司也一樣，全部走「大堆頭」路線。我最近聽過一次由一家國際諮詢公司的顧問做匯報，他很客氣，一來就先說對不起，材料很多，PPT 有 100 多頁。所以他的語速要加快，而且要跳來講，從第 5 頁開始，然後跳到 17 頁。這樣的跳法不如一早把材料整理一下，不重要的就刪掉。他的匯報時間只有半小時，材料起碼要一個多小時才能講完，這種材料與匯報時限不匹配的現象天天出現。最要命的是聽匯報的領導不覺得有甚麼問題，讓專家講完，一定超時。超時不重要，我們大把在手。在內地，還有一樣更糟糕的情況，就是聽完匯報之後，領導還會故作民主，環繞一圈，問旁邊與會的單位領導，叫他們各說兩句，而這些人不會拒絕，一般反應是：「那我就說兩句。」基本上不止兩句，好幾句，而且不少是不搭界的東西。聽他們講完，基本上超時接近兩小時。所以在內地聽匯報經常有延誤，原因何在？就是因為講話的人任意發揮，沒有人控制時間。

這種情況就是採取 LCM 的方式來做匯報，全部材料都要，連聽的人都要逐一發言，力求完美。大家都聽過，也都講過，然後最高領導總結：「這個問題分析很透徹，值得大家關注，我就補充幾點，甚麼，甚麼。」接着說：「好，很好。會議結束。」開會的原意是甚麼？好像

忘記了。我看過無數的匯報都是按照這個程式進行，並沒有人關注下一步是甚麼。甚麼是 LCM？讓我用數學來解釋，比如說有四個數字，2、4、6、8，最小公倍數是甚麼？答案是 24，它是四個數字的倍數，而且是最小那一個。是 2 的 12 倍，是 4 的 6 倍，是 6 的 4 倍，並且是 8 的 3 倍。如果是 36 就不對，因為它是 2、4、6 的倍數，但是不是 8 的倍數。所以 36 就不是「大家」的倍數，而稱不上公倍數。同時，48 也是一個公倍數，但是它不是最小的公倍數。最小公倍數有點像「全部都包」的概念，是一個擴大的計算方式。正如咱們常見的匯報，樣樣都有。

相反，最大公因數就不一樣。再用原來 2、4、6、8 來解釋，四個數字的最大公因數，一看就知道，那是 2，其他都不對。借這個最大公因數的計算，可以告訴大家，每一個問題都有一個共同點，仔細看就能找出來。在一家企業為例，數學上來看，業績不好必然跟收入與成本有關，前者低而後者高。解決方案必須增加收入，降低成本。而兩者之間，收入不容自己作主，由顧客對自己的產品或服務的滿意度來決定。但是成本自己可以決定，哪些費用可以省下（起碼暫時性）。高層管理要去摸索，自然找出各類問題的核心都跟成本過高有關係。等於說，高成本是 HCF，所有問題的最大公因數。

匯報的內容就應該圍繞核心來解析，其他的理由很可能是掩眼法，讓聽的人視線轉移。這種不去尋找核心，想辦法解決問題的人很多。有的甚至乎找一般的諮詢來弄些虛招，花了錢買難受。諮詢是不是不靈光呢？也不完全是。有些諮詢最怕顧客說他們的匯報太簡單，於是來個大堆頭，以量取勝。在匯報的時候，領導一般不會發話，說這些材料太多，不恰當。在我們固有的文化中，我們不作興說人不好，更不會當面說。以忍讓為做人的態度，耽誤大家時間不要緊，時間我們很多。

　　不過我自己做過諮詢，知道其中的來龍去脈。所有問題的 HCF 幾乎一樣，都是領導有問題，但是很難開口，尤其領導就在現場聽匯報。諮詢顧問只好硬着頭皮，把自己的材料複雜化，讓人摸不到核心。希望用間接的方式說給領導聽，問題在他身上；但是又不能說得露骨，因領導反面，自己生意就泡湯，犯不着。

　　記得有一次，我為一家股份制銀行做調研，經過三個星期的訪談與現場考察，得出結論。在匯報的時候，各級領導都在場，我們要特別小心（上頭的關照），不要踩到紅線，影響長期關係就不好。我給匯報材料一個題目，叫「烏托邦的缺失」。下一個 PPT，也是唯一的一張，寫了 20 個左右的缺失，比如說，時間管理不到位，績效考核太馬虎，產品開發追不上，也把領導力欠缺果

敢寫上去。我在匯報前要求每一位坐在內圈的領導，以個人觀點按重要性挑五樣缺失，不記名。然後我把各位領導的選擇整理好，排列出來給大家看。很奇怪，或許說，不奇怪。原來每個人挑出來的缺失，竟然沒有人選擇「領導力欠缺果敢」。換句話說，大家不認為是個問題，也是說領導力不是 HCF。原來是大家很有默契，刻意把領導力放一旁，不敢碰。大家聽我分析，悶聲不響，有人面有難色，覺得我在挑釁，一定沒好結果。

當然，講過又怎樣？明年再來過，生意沒失去。可惜的是我已經不在邀請之列，大概也可以說是一個「烏托邦的缺失」。

如果你不用公開個人看法，不妨為你的單位來一次實驗，把你的觀察寫下來，看看如何？

第四章

掌握表達
的藝術

4.1 絕不瞎扯

> 　　香港這幾年變得很奇怪，有人在公開場合講的話總是負面的。原因很多，其中一個是媒體的壟斷，負面的話語吸引人，就算言過其實不要緊。如果是瞎說、胡扯更好，提升別人對自己的注意，增加商業價值。萬一有人說真話，把它切掉，不讓人知道。願意講，而且會講的人逐漸消失。

　　前面用了不少篇幅解釋如何表達自己，因為現在香港商圈似乎沒多少人懂得講話，政府更不濟，連基本功都沒有，讓我很懷疑這些人在成長過程中到底學過沒？大概沒有，或許以為只要埋頭苦幹就有升級機會。的確也是，埋頭的確不錯，但是抬頭就真的不行，賣相不好。講話是這些人最大的短板。第一，用詞不當；第二，看得出想開脫責任而已，有點支吾以對。

以上所說，只是該講的人不出來講，或者是該講的人講的不好。還有一種現象，就是不該講的人出來講，這種問題在蔓延中，似乎有跡象走向更嚴重的情況。從香港的角度來看，問題產生有幾點背景因素。政府官員不敢講，遇上事情先考慮迴避，而不是馬上跳出來，承認有問題，說句對不起，馬上提出方案如何解決問題。好，該講的人沒有講，不該講的人跳出來講，但是很明顯，此人身上並沒有證據，只是湊熱鬧，或許是越俎代庖，以專家自居。這種人可以說是不甘寂寞，隨意接受媒體訪問，發表評論。他們似乎忘記一個老規矩：不在其位，不瞎說話。

　　讓人覺得奇怪的是這些人講話反而有讀者或聽眾喜歡，認為他們在「爆料」，值得追捧。或許因為這樣，這些人覺得自己有晚到的人氣，加倍努力發言，爭取民意支持。不過不要忘記，不在位就是缺乏正確的內幕消息，要侃侃而談豈不是「故弄玄虛」？自己的話就變為「瞎扯」或「瞎說」！在香港，經常聽到這種瞎扯的話，講的人興高采烈，自以為是。媒體報導更是振奮，因為有人在「爆內幕」，一定引起關注，媒體曝光率自然上揚。

　　我們面對這種流行的社會現象，有點無可奈何。壞消息總比正確的消息跑得快，媒體為求生存空間，不由得不誇張報導一樁小事，最好能把它扭曲。把「新聞自

由」四個字看得比「社會責任」要大得多，這種思維要不得。所以我上文提到的是講話的技藝，但是我想讀者不要忘記講話涉及社會責任，甚麼該說，甚麼不該說，一定要有分寸。

我覺得有種心態在誤導這些不能自制的人，就是不能接受有某種情況下自己要保持沉默，比如說，「我無意見」是最常用的表述。記得我在滙豐銀行的那些年，經常遇上一些不該由我來給意見的事情，我就會說「我無意見」。雖然我心中總有些衝動想說兩句個人看法，但總會約束自己不能隨意公開發言，自己有看法不代表可以越界隨意說幾句。「我無意見」不等於讓步，讓自己覺得不好過，相反，是一種遵守遊戲規則的表現，值得尊重。

我認為，這種「我無意見」的表態，或許能在某程度上減少垃圾信息的份量，先進社會充滿太多「個人意見」，而這種個人意見很多時候被包裝為「官方意見」，煞有介事，誤導大眾，豈有此理。提出這個很重要的題目，希望喚起大家的注意，改變一種不良習慣。免得日後真理全無，身邊盡是別人瞎說的話。

4.2 時間管理的精粹

> 我在滙豐銀行 30 多年，養成一個很好的習慣，對時間很敏感。開會總是早到，做主席的話，很少超時，準時叫停。但是不少人還是不在意守時這種觀念，別說要去管理時間。大家都不明白，時間是重要成本，需要細心管理，不能掉以輕心。

談到管理學，一定忘不了時間管理。甚至乎有專家把時間管理寫成一本獨立的書本，買的人也不少。我在銀行工作多年，經常聽到領導不厭其煩要大家注意時間管理。話是沒錯，但是我總覺得難以見效；不管碰上誰，都會埋怨時間不夠用，天天加班，一週七日也無法完成工作。起碼有三個可能性：第一，事情複雜，涉及變數太多。第二，人力資源不足，一個人扛兩個人工作。第三，個人能力不足，經驗也差，往往力不從心。

我相信除了以上三個理由，必然還有一個可能性，就是時間管理不到位。我對這門學問頗有興趣，不妨跟

大家分享我的看法。時間管理最重要一點：先有框架，後有內容。甚麼意思？給大家一兩個反面教材，就知道我說甚麼。有次在北京代表滙豐銀行領取獎狀，因為滙豐每年提供贊助給國家級教練培訓計劃。由當時的國家負責體育的領導頒獎，他是乒乓球高手，也是我的偶像。頒獎典禮說好是半小時，他先講，然後頒獎，我隨後講。大會預算他講 5 分鐘表示感謝，我講 5 分鐘表態我們的支持是應該的，教練團匯報一年來的進展 15 分鐘，就可以宣告結束。

沒想到，他一上台開始講話，就停不下來。先說體育比賽的重要性，代表國家的軟實力；再說個人刻苦訓練的意義，成為國人的典範；然後就是教練的重要性，提拔年輕運動員的技術與精神面貌。大家猜他會超時，20 分鐘？半小時？一小時？結果是三小時。由於他的地位，沒人敢上前提醒他嚴重超時，還有其他講話的人在旁邊等着。他愈講愈起勁。沒錯，都是重要的信息。但是從時間管理的角度來看，就大有問題，問題在於他只有內容，沒設框架。不過，這事跟時代背景有關，當年的氣候只有上級講話，下級聽話，沒有時間管理的概念。

另外一個例子，是我在中國民生銀行的經驗。我是行長，經常跟屬下的高管講話，每次大概一小時。我把時間管好，很少過時。最怕就是書記來旁聽，本來不需

要他講話，但是不能不客氣，請他給我們一些訓示。這一來，一發不可收拾，他一開口，隨時一兩個小時停不下來，而且重複舊話而不自覺。很明顯，肚子有很多內容，但是腦子沒有框架，等於說沒有控制，說到哪裏就是哪裏。我在旁邊也不好意思跟他示意，只好硬着頭皮接受時間管理在這地方不管用。但是有一點，我倒覺得這種習慣不是不能改，只是沒人說過這種習慣要改而已。大家想法一樣，以下犯上可犯不着，領導用掉我們的時間很平常，不用大驚小怪。

我試過，在邀請書記講話之前，先說好，他只有 10 分鐘，不能展開來講，有時間的話，下次再請他來講。說得這麼白，他不會聽不懂，就會有節制。這兩個例子，證明不是不會管控時間，只是不知道應該管控時間。我的經驗是把自己講話的框架分兩種：專題演講需要較多時間，但是不超過半小時，因為我覺得很容易把半小時分成四部分，每部分 7 分鐘左右。7 分鐘有甚麼特別？記得嗎？有種培訓演講技巧的課程叫 Toastmaster，大機構經常在公餘時間提供給員工。學員可以選擇自己的題目，在其他學員面前演繹演講的技巧，而每個人只有 7 分鐘。7 分鐘是課程中規定的，由經驗證明 7 分鐘是最理想的時間來演繹一個特別的題目，講的人覺得正好，而聽的人覺得容易吸收，心中不會有抵觸之意。不妨試

試看，當習慣了這個框架，以後講話既然有一個無形的框架，約束自己不要過時。

7分鐘好，半小時也好，分為四段總是好辦法來約束自己。四段包括：第一，現狀，現在是怎樣的情景。第二，原因，為甚麼會發生這樣的情景？第三，不妥，這樣的情景產生甚麼不妥之處？第四，整改，如何把不妥之處修正，講出整改後的好處。把自己的話如此排列，聽的人一定入耳，甚至接受。這是有關講話的分段方式，做事也一樣。先定完工的死線，再向後推，分四段落。第一步，當然了解情況，記下不妥之處。第二步，把不妥之處，分析研究。第三步，找出其他可行渠道，試行佐證。第四部，解釋整改帶來的優勢。

摳門的人對時間管理特別敏感，大概他們覺得時間就是金錢，或許比金錢更重要。我有好幾個來自蘇格蘭的前輩，他們非常講究對時間的控制。一開會，就先說好開多長，還有3分鐘左右就會告訴大家加快，時間一到站起來就走人。另外一個也很絕，他把參會人員的時薪算出來，然後在會議紀錄最後一頁寫上會議成本是多少。當初覺得有點誇張，但是習慣了，知道這次開會人多，肯定會很貴，於是乎做主席那位一定在會上催促別人，快人快語，不得有廢話。

4.3 講稿並非必需品

> 我多年前第一次上台講話，準備好講稿，大概三、四頁篇幅。發現有個問題很難處理，就是眼睛一時看聽眾，一時看稿子，容易看錯。後來下決心不看稿，跟心中大綱發揮，效果更好。不過要多練習，不是一上來就懂。

對於要不要講稿這個問題，沒有絕對正確的答案。要看誰講？講多久？誰在聽？講甚麼題目？讓我一一說說我的看法：第一，如果講話的人有經驗，而講話有一定技巧，可以不用稿。尤其在北京，不需要用稿的人很多，而且很有味道。一上台就是兩、三個小時很常見，而且一路不停，內容引人入勝。香港在這方面就有點吃虧，很少看到人不用稿而講得精彩。第二，香港就算有少數人能不用稿，也講不長，一般人最多半小時，否則

一般都要借助手上的稿子。第三，誰在聽也是重要的考慮，如果聽的人假定是國家領導人，我必定建議用稿子，不容有錯。千萬不要耍自信，以為不用稿子會留下深刻印象，除非對講的題目滾瓜爛熟。第四，講的題目不熟悉，就不要公開講，隨時出醜。如果一定要講，最好用稿。

剛才說到北京有不少人上台講話，完全不用稿，但是可以講上一、兩個小時，而且很動聽，但是在時間管理的角度就有問題。記得我在北京民生銀行經常遇上這種情況，明明說好「講幾句」，但是對方一上台就停不下來，而且明顯是有感而發，台下聽眾自然聽得津津有味。我發現這種會講話的人，多數有難以忘懷的過去，隨時希望跟別人分享，一開口就停不下來，根本不需要看稿子。同時聽眾很可能也經歷過類似的情況，自然產生共鳴，聚精會神聽台上的人講，這種熱烈支持的身體語言，讓講話的人一定會多講一點，讓大家緬懷過去。雖然在這種場合，他的時間控制就不合時宜。但是，我只是想借這個例子，來說明不用稿的先決條件是要對題目有充分的了解。也就是說，自己熟悉的題目也用稿，就會浪費一個創造共鳴的機會。個人經驗告訴我，不用稿的講演遠比用稿要好，文字間的感情散發給聽眾是一個難得的機會。

講稿也有某些想不到的問題，讓我給大家一個例子。新世紀來到，上海舉行 APEC 會議，政府很緊張，因為不少國家領導人前來參會。那時候，是中國顯示國力的機會，自然由市政府承辦。每個程序都彩排好幾回，不容出錯。會議中，各國領導人上台陸續發表講話，我一路在聽，沒甚麼大不了的內容，給人交差了事的感覺。輪到大馬的首相上台講話，他的講稿就放在台上的講壇，他一開始就照讀，一頁又一頁，不管台下反應如何。我是很專注，所以知道他的一舉一動。發現他讀完結尾前那一頁，忽然停住。原來他發現最後一頁不在講壇上，無法繼續。他也沒想到「爆肚」，隨便來幾句宏觀的話語，把他的講話來一個很得體的結束，鞠躬下台。但是，他很着急，在台上招手，叫他的助手把最後一頁拿上去。一時間，找不到。他站在台上一臉尷尬，不知如何是好。那是我看過最尷尬的講者，原因之一是用講稿，但是講之前，沒有看過頁數齊不齊。

齊不齊很重要，一定要不厭其煩檢查一次。當然，如果是十多頁的講稿，就有點難度。這也說明，講稿不要多，按照大會給出的時間，把講稿準備好。其實，寫稿是一種專業，不是一般人幫老闆寫篇東西用來講話這麼簡單，寫稿有很多學問。以前我就跟滙豐的首席寫稿人打過交道，敢說一句，絕非「閉門造車」。寫稿人（業

內不多）在寫之前，會來找講者的助手了解背景，甚麼場合？多少聽眾？甚麼層次？多長時間？有甚麼特別信息？最後，有哪些話不能講？不能犯上政治上不正確。然後才能下筆，寫一篇三、四頁的講稿起碼兩、三天。寫稿不同寫文章，分清段落很重要，每句話都不能長，最好十個字以內。有時候，為了加強語氣，很可能就兩個字算一句話，讓聽的人一聽就知道哪些話是核心。我認識的那一位寫稿人，經驗豐富，懂得人講話的特性，在講稿中埋藏許多要稍作停頓的地方，不能匆忙中就忘了，要有暗號。記得此人可以沿用歷屆董事長講話的特點來寫稿，讀稿就能彰顯抑揚頓挫，效果很好，好像順手拈來，沒有看稿。這種本事難有他人可以隨意替代，首要條件在於寫稿人不斷聽講者講話，琢磨講者講話的特色，稿子才能寫得「繪影繪聲」。

不是每個人都有這種特權，有寫稿人幫着寫稿。最多是找個助理，弄一篇東西聽起來像樣就好。自然，這篇稿子要講者講得好，除非此人身有絕藝，能夠化腐朽為神奇，在台上表現自如，有稿沒稿沒區別。在外國，站起來就講而沒有稿子叫做 impromptu，美國不少大學讀碩士學位的學生就有這種培訓課程，導師給一個題目，上台就講，一般是 15-20 分鐘。這是一種很好的訓練，因為對於香港或內地的學生來說，站起來就說上 10

多分鐘是一大挑戰，因為過去在學校沒有經驗，站起來就會結結巴巴。其實，習慣了就可以克服。個人經驗來說，基本上不用稿，除非是某些大場面，不容有失。

大家可以挑個自己比較熟悉的題目試試看，講上 15 分鐘，最好錄下來，可以回放，看自己在哪裏出毛病，試過十趟、八趟，一定會有進步。然後找個人做聽眾，開始直接面對面交流，一定會掌握其中一些門檻。

4.4 不用講稿的好處

　　講演不用稿好像比用稿威猛，自己覺得檔次高。其實不然，最要緊是自己對題目有足夠認識，有認識，就有信心，不怕別人一路聽，一路覺得自己在瞎扯，自然講得好。但是在重要場合，不能出錯之際，用稿子有必要，不要逞英雄。

　　這些年，大家的心態是不用稿威過用稿。注意，我說的是「威」而不是「好」。威就是威風的意思，比別人威猛、神氣，是一種虛榮心，不要得。但是不用稿的確有實際的好處，因為可以吸引更多的注意力。用稿講話不吸引聽眾很正常，起碼有三個原因：第一，讀稿會造成平鋪直敍不吸引。很少人讀稿會產生一個抑揚頓挫的效果，因為有一大堆文字在面前，很容易陷入一種愈快結束愈好的心態，聽眾自然降低興趣聽下去。第二，讀

稿很難保持「目光接觸」，因為眼睛會停留在稿子上，很快就會跟聽眾分割，聽眾怎麼會有興趣聽下去？第三，讀稿欠缺一種動力，讓聽眾覺得要聽下去，例如美國前總統奧巴馬就有這種功架，聽他講話總覺得他在釋放一種能量，讓人一直想聽下去。

我過去在不同場合講話，喜歡不用稿，效果一般不錯。有幾個門檻跟大家分享：第一，首兩句話很關鍵。有人喜歡先來一兩句略帶自嘲的笑話來破冰，有好處，能夠喚起聽眾注意力。但是有風險，萬一這個笑話不靈光，毫無笑聲，自己覺得無味之餘，肯定影響講話的效果。不一定是笑話，反而來一個有深度的問題，讓下面的聽眾去思考一下，這樣的開頭效果也不錯。記得有一次被邀請去芝加哥演講，題目是中國銀行業的崛起，當時我在中國民生銀行當行長，算是有名望的人物，被美國商會請去講話不偶然。但是我心中有數，這幫人請我去，必然有各種各樣的問題（其實是挑剔），想借我在的機會來為難我，甚至可以說「要我好看」。在美國這種地方，容不得別人的長處，尤其是中國，根本就是眼中釘，不拔不爽。

心中有準備，知道自己「前路坎坷」，等他們有機會問我，肯定要我好看。所以我一開口就先來一個問題，把大家的思路給集中到一點。我說：「先把我的題目擴

大，不說銀行業，就說中國吧。大家對中國都有看法，而且都是負面看法。沒有自由，沒有人權，沒有民主，沒有環保意識，沒有知識產權的保護，沒有防範環境污染，沒有開放市場，沒有把政企分割，可以說，甚麼都不對，是不？但是中國做對了哪樣事情能夠讓她成為世界第二大經濟體，而且人民一般來說覺得很幸福？」大家一聽自然把注意力放在我的問題上，中國做對了甚麼事情呢？每個人都在想，因為他們都想找出我的錯處，就可以立馬說我不對。記住，我在前幾章提及 LCM 與 HCF 的區別，他們想的問題是 LCM，甚麼都有，無遠弗屆。我要講的是 HCF，只有一點，到底做對了甚麼？這是一種歸納法，把聽眾的思維集中在一點上。我接下去故意停頓一下，有點故弄玄虛，接着就說：「讓我來告訴大家我的看法。」

我說：「就是同一思想。」英語叫做 consensus，大家都是同一種想法，自然行動一致。行動一致就產生合力，而且我們人多，能夠有合力，效果明顯。其他國家或地方無法產生合力，相反，是一種抗力。你說東，我向西。大家反方向而行，你說怎麼能把事情辦妥？當然聽眾馬上會產生下一個問題：為甚麼會有合力，而不是抗力？我接着解釋，抗力是自由的代價，個人凌駕眾人的結果。而我們在中國內地知道，只有合力才能創造財

富。因為中國一句老話：和氣生財，說明和氣才有合力，有合力才能創造財富。應驗鄧小平所說：「讓一部分人先富起來。」我想富，你也想富，他也想富，結果產生合力，共同創造經濟奇蹟。所以能夠在短短 30 年（今天 40 年）幹出其他國家 100 年也幹不出來的結果。

在美國這個講究自由、民主的地方，大家要提出自由、民主、人權、環保等等問題很正常，因為你們已經具備了一定程度的財富。到了我們能夠積累一定財富的時候，我們自然會爭取那些我們還沒有的東西。跟美國來比，是先後次序的分別。所謂「殊途同歸」，就是這個道理。在美國，我們會說：「先規劃，後發展。」但是在中國這個快速發展的地方，規劃的結果是錯失先發優勢，代價太大。所以我們講究的是：先發展，後修正。先馳得點，不對再改。因為機會就在眼前，不把握好，吃虧是自己。

我先發制人，把聽眾的注意力集中在一點，然後讓我展開來解釋，以守為攻。雖然我的話不完全正確，但是在講演的角度來說，有一定邏輯性，難以抗辯。講完得到滿場掌聲，好過我一開始就挨打，解釋完自由，還要解釋人權，火頭太多，很容易招架不住。其實，在美國的經驗告訴我，不要太在意自己所說是否「合情合理」，只要顯示出自信，講得流暢，就容易得到聽眾的支

持。所以要稿還是不要稿不重要，如何講得流暢反而更重要。我會鼓勵不用稿，因為絕對會提升一個人在公開場合發表講話的能力。

　　大家可以自己先試試，找個題目，馬上就講，不管對與錯，講究流暢。用這種方式，多試幾次，肯定會有進步。

4.5 培養幽默感

有人說，幽默是一種可望不可及的學問。我不同意，我認為可以學的。但是，先要找到學習對象，看看別人怎麼「操作」。能夠自嘲，一定有幫助。甚至可以說，自嘲是幽默的第一步。但是學問淵博也是必要條件，幽默不是全靠嘴皮子，肚子有料是必然條件。

在不少場合中，幽默可以說是一種催化劑，隨時能用上，而且馬上能把彼此關係拉近，在講話的過程中很有用。不過，幽默是一門學問，是技術？還是藝術？或許兩樣都是。可以學嗎？應該可以。否則天生缺乏幽默，就成為一種缺陷，因為無法學會。但是要學，我可找不到任何學校可以報名學會一兩招。就算要解釋甚麼叫做幽默，也不是容易的事情。但是我們似乎能夠知道

某某人很幽默，怎麼幽默卻又說不出一個所以然。

幽默是英語 humour 翻譯而來，有可能是一個絕佳的翻譯；發音接近，而且字面看得出一種幽靜，其中卻隱藏一種無形的力量，結合一個人的學識、修養、才華與機智，在適當時機用簡潔而風趣的文字爆發，產生令人愉快的共鳴。是不是？我花了不少功夫才能勉強解釋幽默的奧妙。我會說，幽默接近藝術多過技術，要具備多少天賦，而不是靠平時的苦練。

大家要注意，「風趣」這兩個字經常被人當作「幽默」的同義詞。舉例來說，某人很風趣，就等於很幽默。這樣說，簡直貶低了幽默的內涵。兩者不同層次，要分清楚。風趣無疑帶來笑聲，讓人開心。風趣比較明顯，有時候要靠動作來增加效果。好像別人說相聲，講出來的話就接近風趣，聽起來好笑，有時候靠內容，更有時候靠動作。比「滑稽」檔次高一級，滑稽大部分靠動作，好像查理卓別林就屬於滑稽。三者之間有不太明顯的差距，導致有些人明明是搞滑稽，但是自己以為很風趣；同時，明明是風趣，卻又升級為幽默。逐漸把幽默的難度淡化，打兩個哈哈，就算是幽默。

幽默還有一樣很重要的定義，就是不能說自己很幽默，幽默是別人說才算。不應該有人說自己很幽默，只能說自己喜歡「搞笑」，接近搞「滑稽」。幽默是別人

的感受，既然是別人的感受，自己又如何知道那是幽默呢？搞笑是主動的，搞出一些笑料，讓別人笑笑，那就可以說，自己喜歡搞笑，而不能說自己喜歡搞幽默。由此觀之，幽默是一種內涵，要別人欣賞，而不是自己說自己很幽默。

回到我一開始說到，幽默是一種催化劑，能夠連結別人。就是要懂得別人在想甚麼？如何才能把自己跟別人拉近？有點像我們的古詩：「借問酒家何處有，牧童遙指杏花村」，要有方向感才能找到杏花村。等於說，要有幽默感，必須認識受眾。如果只是懂得來一招，踩到香蕉皮滑一跤，那就是滑稽，並不幽默。我最近聽到一個笑話：一位老先生下車，走過另外一邊開門給年紀相若的太太，那部必然是新買的車。這是幽默，其中包括三部分：兩位老人家開車，老先生開門給老太太，這是靜態的部分；結論是兩個人開部新車，那是動態的部分，惹起共鳴。

所以要引起共鳴是幽默的核心力量，而且那種感受是一件賞心樂事，不一定引起大笑，會心微笑就足夠有餘，可以說淺嚐即止，才算幽默的基本要素。而且幽默感有點像我們常說的「如沐春風」，春風不會強勁，也不會炎熱，春風拂面絕對是一種良好的感覺。也就是說，幽默給人一種良好的感覺。實際上也是一種無形的工

具，讓幽默引導別人接受自己。

過去在不同場合，我看過不少反面教材，用所謂幽默的小笑話作為講演的開場白，結果弄巧成拙，台下的人不買賬，大家坐着若無其事。拿捏不好的幽默，就像東施效顰，給人感覺是賣弄，效果不好。但是，一開始就來一個段子，顯示幽默似乎是現下的習慣，有的甚至流於低俗，完全不可取。

我們在這方面似乎比不上外國，不是我們的能力不足，而是我們的文化似乎有種無形的約束，不讓我們放開心胸，容許幽默存在於人與人之間的交流。內地這幾年反而有很大的轉變，我們以為內地有很多約束，其實不然，有機會講話的人似乎更為開放。記得馬雲在美國接受前總統克林頓的訪問，他的開場白就來一句：「美國人最大的問題，就是太關注中國的問題，而忘記自己的問題。」這是另類的幽默，屬於謔而不虐，調侃人而不得罪人，有一定的功架才能行使自如，技藝不夠的人，不要考慮這一招。

我覺得，幽默這種本領是可以學的。首先，從別人的表現中學習。要有判斷，這一句屬於幽默，另一句屬於風趣，還有一句屬於滑稽，自己先弄清楚。滑稽不可留，風趣可以留，如何把風趣昇華為幽默，慢慢思考與體會，就會有點領悟。其次，在別人面前「示範」一番，

看看是否過關。平時爭取充實自己的機會，研究一句話怎麼說才有味道，如何讓人感覺「如沐春風」，最重要是放下「一定要贏」的態度，保持心平氣和才是展示幽默的起步點。

不如大家試試看，找個朋友示範一個你認為很幽默的一句話？看看他的反應如何？

發揮語言的威力

> 　　我花了不少唇舌來解釋幽默及其重要性，因為幽默是催化劑，可以催化講的人與聽的人之間的關係。也是潤滑劑，把僵化的關係軟化。對改善關係，很有用。但是，幽默對大多數人來說，知易行難，天生不具備，後天也學不來。所以，大家必須要接受，幽默是一種稀缺的技藝。

　　拉近距離或軟化關係都是手段，目的是希望修補目前支離破碎的人際關係。讓人奇怪的是「團結、合作」一直是我們深信的口號，為甚麼結果會把人際關係弄得支離破碎？等於說，口號照舊，行為不改。有甚麼行為不改呢？先讓我告訴大家一個故事：我在十年前離開中國民生銀行的餞行晚宴上，跟各位同事話別，我就不客氣說出我看到的隱憂。我總結如下：「別人的話『不以為

然』，對自己的意見『自以為是』。」我說這樣下去，很快就會見到彼此的關係支離破碎，聚合力不再存在，只剩下離心力。

我再補充：「這種現象是大家追求自由的結果，因為大家覺得『我行我素』是一個人變為獨立之前應有的態度，由於這樣，我們才能得到民主，或自主。」我後來講完，來一句幽默。我說：「我說甚麼都不重要，因為各位早已不把我的話放心上。到你發現下一代不把你當回事，你就知道我現在的感覺。」

這種「自以為是，不以為然」的態度一直在蔓延。不僅中國內地，香港都一樣。我在好幾家大學講課，台下學生反應普通，不停玩弄手機，也沒人問問題。為了減少尷尬，我早已懂得自問自答。大家或許會說：是我講得不好，不能怪人。我講課多年，內容是否吸引，我心中有數。但是，我絕對不會抱着「錯不在我」的心態，我會自我反省，每次講完總會試圖修改，迎合時代的變遷。可惜，學生的變化更快，根本不把老師的話當一回事。

最近一兩年，局勢變化更明顯，而且有「敵對」態度出現。不再是「不以為然」，簡直是「非友即敵」，不合自己意見的人，就是敵人。千方百計要打倒敵人，是某些人的共同目標。現在幸好是某些人，等到某些人擴張到

不少人，甚至很多人的時候，我們聽到的就會是歪理。但是這些歪理，都是從真理扭曲而來。

所以我這一章要講的核心，就是語言、思想的輸出；要有前瞻性、批判性、技術性、啟發性，對於歪理，不要包容，因為歪理有強大的傳染性，很容易積非成是，造成巨大影響。表面上是一場語言上的鬥爭，其實是一種認知的論證。如何組織自己的論點，如何有系統傳遞信息，如何樹立正確思維等等問題需要細意計劃，以及不屈不撓的心態，才有機會讓更多人走上正軌。

第五章

選材料
要對焦

5.1 人用得上才行

　　現在我們生活在一個信息過多的社會，而且真假難分。只要覺得「稀奇古怪」，馬上轉發給朋輩，傳來傳去，隨時假的變真。信息氾濫造成材料一大堆，用不上，隨時變廢料。不論是寫報告，或準備講稿，不知如何取捨，有料變無料。大家要學會精挑細選，去蕪存菁。

　　幫助我們表達，或分析問題，我們需要信息，也可以叫做材料、資訊、數據或資料。很細心研究，到底每個名稱背後可有不同？其中比較明顯不同的是數據，明顯指那些跟數目有關的材料。換句話說，材料的另一邊就是跟數目無關的文字。資訊有點像路透社傳過來的消息，統稱為資訊。資料就範圍小一點，經過某種程度上的篩選。等於說，全部叫資訊，可以照單全收；經過篩

選的，而合自己參考用的叫資料；材料更小規模，不僅是參考，而且要派用場的。我不是專家，瞎說說，把自己的看法說出來，供各位參考。

不管我們用甚麼名字，材料好，數據也好，大家都有一個同樣的感覺：太多了，而且源源不絕、時時刻刻在我們面前出現。最討厭的是有真有假，很可能假的多，真的少，讓人無所適從。我想，發出假消息，或者假信息的人，一定是有目的。就是唯恐天下不亂，世界亂才能抒發他心中的不滿情緒。這種人覺得自己吃虧，得不到好處，是一個受害者。於是，要搞事，讓別人受害，跟他一樣，成為一個受害者。是一種心理不平衡的現象，要發洩，而不顧後果。我不想展開來討論這種人的成因，但是我在新的篇章想說：我們身邊太多信息，而無法剔除，只能開拓自己的視野，經過比較，就容易分出真假。去掉廢料，剩下的物資才有用。

我在滙豐銀行工作的時候，跟過一位師兄學藝。他當時貴為香港東區的掌門人，自然具備不少武藝，我對他甚為崇拜。我想，他必然有本「天書」，時刻熟讀一番。有一天，我忍不住終於開口問他：「可有天書可供參考、學習？」他不假思索打開牆上一個壁櫃，裏面全是一個個硬皮的文件盒，依照日期排列。他補了一句，請隨意，不要客氣。我隨便抽了一個出來，裏面全是複印

紙，還有股難聞的氣味，因為以前的複印機要用「藥水」來列印，每張複印紙都有股味道。一盒更不得了，一打開，一股濃烈藥水味迎面而來。連忙說謝謝，有空借來看，立即歸還。

原來裏面全是剪報，每天他看完報紙就把他認為重要的信息圈出來，然後秘書把這段新聞複印留底，貯存在硬皮盒裏面，以備「不時之需」。我把不時之需打了引號，因為從秘書那邊理解，這些剪報只是留存，作為備案而已，很少事後翻閱。除非他記性好，看過的東西過目不忘，否則那些剪報不外乎是備用的材料而已。等於說，這位師兄根本不需要材料，注重的是即時反應。那麼，問題是：為甚麼要剪報呢？我覺得，是爭取一種安全感，有材料在壁櫃裏面，說甚麼都懂，不害怕。

這位師兄給我很大的啟示，原來不需要材料，可能效果更好。材料有，也不過是放着而已。等同有人在辦公室的書架上放一套百科全書，放着而已，讓人覺得自己很有學問。所以，我在學成之後（三個月而已），自己踏出第一步：甚麼材料都不存案。記得有首歌叫「倫敦街頭」，裏面有句歌詞我很喜歡：昨天的報紙告訴你昨天的事。今天很可能甚麼都變樣，根本不是昨天那個樣，存昨天的報紙有甚麼用呢？

後來的我，更是「更上一層樓」，連筆記本都不用，

能記住多少是多少。如果只記住一點，就從這一點發揮，找另外一點，連成一條線；再找另外一點，連成一個面。不需要材料，要的是核心那一點，從這一點開始發揮，英語叫 articulate，原汁原味，不必假手他人給材料。那樣等於「拼圖遊戲」，沒有自己個人風格。

我開始覺得材料其實沒甚麼用，反而，信息倒可以讓我了解外邊的變化。所謂「與時俱進」是有道理的，我們要靠不斷而來的信息，知道世界的變化。這種信息具備動態，時時刻刻有變化。相反，材料是靜態信息，知道就好，不一定用得上。所以在我們選擇「輸入品」的時候，要了解兩者的區別。

5.2 別聽人胡扯

一位中國銀行在北京的高層對我說：「別聽人瞎說，有人就是喜歡對外來人胡扯。」那時候，我剛到北京述職，總覺得人家的信息比我多，原來不少是瞎說。聽別人的話反而讓自己糊塗，沒好處。

前一節，我講的是表達，如何表達自己。有如英語 output 這個字，輸出的意思。比如說，你對某件事情有看法，不說出來，永遠是你的看法，別人不知道。說出來，別人才知道你的看法。說出來，就是一種表達。你也可以寫出來，也是一種表達。甚至不用文字，用身體語言也可表達。表達是一門學問，可以學習追求進步的。

這一節，我要專注在吸收材料這個題目，或許我應該用信息來取代材料，因為一講信息大家都理解，反而講材料就少人理解。相對英語 output 這個字，吸收信息

可以歸納為 input 這個字。輸入的方法很多，值得探討。我覺得，也是可以學習的。

如今吸收信息最大的問題，在於無用的信息太多，而自己的時間有限。等於不停下大雨，農作物不需要這麼多水，結果損害了農作物。大家要理解，水太多就要分流，等於身邊的信息如同大水沖來，不加篩選，肯定會被無用的信息淹沒。正如我在上一章所說，信息太多肯定影響表達，人人都採取大堆頭，甚至還沒有把信息整理及篩選，就開始用大堆頭方式來表達，很容易造成文字垃圾。

如何吸收合適的信息，有不少技巧。首先，要分清楚信息從何而來？第一，書本。以前有這種說法：書中自有顏如玉，還有黃金屋。都是鼓勵一般人看書，多看書贏得美女，也能賺大錢住豪宅。可惜，這種說法跟不上現在多元化的生活，如果不信，跑跑書店就知道此言不虛。書店中放在當眼處的書，大概有四類。如何賺錢是第一類（黃金屋跟顏如玉合併）；風水書籍第二類；旅遊景點第三類；如何講究吃喝第四類。等於說，書中信息比以前豐富，要專注某一樣有難度，因為時間有限。

第二，網絡。這是近代最流行的信息來源，源源不絕，而且真假難分。要人花時間去研究信息真假，誰也沒空。一般人只能「瞄過」就算，根本不可能逐一細看。

得到的信息，假定是真的，可以讓讀者知道一些消息，可是很難深入了解這個消息背後的原因，知道就算了。這是現今社會的一種現象，事事不求甚解，只要有膚淺的、表面上的認知就足夠。滿足於甚麼？不想去理解為甚麼？

第三，人傳人。把信息傳來傳去，不會做任何的調查，到底信息是真的還是假的。而且現在人的心態是幸災樂禍，真假無所謂，只要能滿足自己的「偷窺」心理就值得。偷窺是一種人與人之間的不正常心態，想知道多一點，好像把信息當作籌碼，相互比較，我比別人多就好。這種信息不能給與我們學習的機會，屬於「廢料」，奈何最受歡迎。而且，這種信息有種傳染性，看過一段，就想看另一段，網絡上流傳甚廣的最受歡迎。這種現象對有心吸納有用信息的人有破壞性影響，因為信息來到面前是真是假分不清，無法讓人做出合適的判斷。

第四，報章。現在的報章全有立場，香港更甚。合乎報章立場的新聞，詳細報道，甚至扭曲事實也無所謂。不合立場，抽起不報，甚至把新聞刪減，正變為負，對錯難分。難怪報攤上的報紙愈來愈少，只剩下六、七份，而且銷路下滑。或許就是因為這樣，報紙為了爭取銷量，報道所用的文字偏頗，往往不值一看。這種情況如何能夠給予讀者正確的信息來做判斷。以我為例，幾

十年如一日，天天看三份報紙。但是可讀性一直下滑，只剩下「偏頗」兩個字，只能放棄。而且，報紙一天出版一次，往往新聞落後於網絡，新聞變舊聞，不看也罷。電視也一樣，乏善可陳，商業行為決定一切。有立場，用字偏頗，扭曲作直，連新聞都可以瞎扯，讓人無話可說。

所以要爭取有用的信息談何容易，現實生活把我們逼進死胡同，看過網絡上的新聞就算，要深入了解，不可能。看書，沒好書可看。看報紙，思想中毒。真理不僅是無價，而且根本不存在。

5.3 正反分清楚

以前學會一種邏輯：不管怎樣，先說人錯；然後再去判斷自己看法是否有錯。有錯，則別人沒錯。現在這種邏輯早已外傳，美國最流行，不過他們不會證明自己有錯而已。在香港也一樣，最近很流行，錯在別人，先指證別人有錯，變成慣例。

上一節提及輸入的重要性與其渠道，書本、網絡、報章等等……其實我不說，大家都知道，等於告訴你「媽媽是女人」，說來沒有一點意思。其實，一個人在工作爭取晉級，信息固然重要，但是信息太多，讓人不知如何取捨。我今天要講的渠道有點特別，企業內有效或有用的信息一般來自高層，問題是如何得到這些信息。

我在 35 年前，參與滙豐銀行的總行重建工作。整個項目的大旗手是沈弼，他是當時的董事長。在經濟不算

是穩步上揚的時候，提出一項港元 50 億元的重建項目，絕非簡單。項目包括 3,000 建築團隊加上銀行內部上百人，好不熱鬧。但是忙歸忙，我相信沒有多少人能真正了解沈弼重建工作背後的原因，因為他很少在外人面前說明白，雖然我相信董事會一定清楚。到底為甚麼要重建？這是很重要的信息，不比一般，但是沒聽到他本人當面說，信息很有可能不正確，所謂「道聽塗說」就是這個意思。

剛巧我是重建工作小組成員之一，在項目一開始就聽到沈弼很嚴肅的跟大家說明白，為甚麼要蓋新大樓。有好幾個原因，最重要是讓香港人看到滙豐立足香港的決心，堅定不移。當我親耳聽到這個信息之後，我完全理解。後來新大樓落成之後，開始有人惡意中傷，說這棟大樓隨時可以拆掉，運到英國再拼攏。我就知道這種說法的無稽，不值一顧。如果沒有沈弼當年一席話，可能我也會人云亦云，瞎說一通。所以有第一手資訊最為重要，不要輕易跟風，相信別人瞎說的話。

所以我早前曾經提及，我是誰的重要性。我講這話，因為我是誰，有代表性，有權威性。好像我說到沈弼當年的講話，就要說明我是誰，有代表性，不是隨便說說。但是，現在流行的是：我聽說是這樣的。然後下一個人再傳給下一個，人傳人，把本來就不是真確的信

息改變為垃圾信息，在廣大羣眾之內迅速傳播，產生莫大的誤導。

　　當然我們不是每一次都有機會能夠緊貼原創人，得到第一手資訊。但是我們應該要有檢查真假的過程，英語叫 fact check。不要輕易照單全收，別人說甚麼全相信。那樣的輸入肯定有一大部分是垃圾，毫無根據也毫無用途。前一陣，我寫過一本書，講的全是我個人親身體驗，完全沒有人云亦云的故事。我覺得難得的就是這種第一手資訊，肯定不會炒冷飯。寫得好不好另外一回事，反而其中的原創性才是賣點。

　　我近十多年，參加許多活動，其中總有領導會上台致詞。一般我都是抱着興奮的心情來聆聽，但是總是遇上老生常談，毫無新意。讓我對這些領導的尊重打折扣，才領悟原創性非常少有，導致今天一般人對人對事的看法很籠統，簡直是「以訛傳訛」，不是瞎說，就是胡扯，造成今天辦事的人效率低與時間長兩種現象。

　　我有一位銀行老前輩，他的專長是跟別人思想上搞作對。人說東，他總說西。但是他有一套自我反省的機制，當他說反話的時候，他會立馬檢視自己這麼說是對還是錯。如果發現別人對，自己錯，他會修正，接受別人是對的。等於說，他的邏輯是這樣的：別人錯，自己對，但是若果他的檢視結果顯示「人家錯」是錯誤的看

法，他就會反過來說自己說錯，別人才對。好像是一種反證的方法，我覺得能夠這麼做不失為一種有效檢視，不會盲從別人的說法。

這人也憑他這一套反證法讓他在銀行不會行差踏錯，結果還爬得很高，其他不說，光是這一招反證法，我是蠻欣賞的。

5.4 知道不等於知識

> 有位師傅級人馬，早年移民多倫多，一直跟我有聯繫。他喜歡跟我研究一些看似淺，其實不淺的道理。他說過：「只有『知』不夠，要『知道』才行；有知只是看到表面，有道才看見原因。」我覺得跟「知識」的真正意義很接近，知只是表面，如同看報紙，知而已。但是要把知轉換為「知識」，需要深入了解所知之事。

如果能夠聽到最高領導人的講話，一定會有所體會。花 50 億港元為滙豐銀行蓋一棟新大樓，幹甚麼？而且發話人在蓋完之後就退休，何必呢？一定有別人不知道的原因。如果聽到他的原話解釋蓋大樓的因由，一定可以得到啟發，其他人講甚麼都不用聽。

我想講今天的媒體最容易誤導人。媒體種類有幾

個比較明顯：報章、雜誌、電視、電台，以及最厲害的網絡。他們的內容有多少是真的，誰也說不攏。我習慣每天看三份報紙，其實在看報紙前，我已經透過其他渠道知道大部分的新聞，比如說，電視與網絡。看報紙只是一種習慣，而且看的是跟新聞無關的信息，比如說社評、副刊。換言之，我看報紙主要不是為了看新聞，反而是想看副刊。

副刊是一些作者對事務的個人看法，有獨特性，也有創意。自己看這個世界或社會有自己的看法，看看人家怎麼看，可以開拓自己的視野，絕對是好事。但是，今天的副刊不比以前，很多作者把自己的文字染色，政治化一番，馬上失去以往的特色。如何形容這種改變？以前的副刊會告訴讀者，作者對周邊發生的事情有甚麼看法。因為我作為讀者，沒看見人家看到的東西，所以看人家寫的就有味道。現在不一樣，副刊的作者先定規矩，跟我同路才能看我寫的東西。以前開頭是客觀，結尾也是客觀。現在不一樣，先是主觀，結尾也是主觀，他說的才對。作為讀者，看起來就不是味道。

所以，在最近一年我已經換了兩份報紙，都是因為副刊都給添加顏色，全主觀，沒有客觀。何苦看下去？作為消費者，換過另一份報紙，很簡單。當然我理解，不少報紙是一面倒考慮其商業性，迎合某一類讀者。我

不是他們的目標客戶，所以毋須迎合我的要求。不要以為媒體中只有報紙如此，電視、電台也是一樣，加添顏色，有兩種特色：扭曲事實；選擇報道。試想這種媒體無法提供真確的報道，還值得關注嗎？其實，這些媒體目標不難理解，就是要替某些無知的人洗腦，半小時一次的新聞，有意把扭曲事實的話語與圖片傳送給他們，以達到自身的政治目的。

如果說，不看電視，不聽電台，不看報紙又怎樣？或許更慘。因為剩下的網絡信息，亦真亦假，也是疑真疑假，難以分辨。網絡傳送的速度更為驚人，隨時隨地都有可能。如果把網絡作為吸收正確資訊的渠道，可以想像，不消多久，腦子裏的東西亂七八糟，無法作出正確判斷。可惜的是，網絡逐漸入侵我們日常生活，每個人毫無保留在追求「知」而不是追求「知識」，知道就好。為甚麼會是這樣，不想知道，等於說，不會積累知識。「知」在現今社會已經變為一種「資產」，大家要互相攀比。你知道這件事情嗎？我知道，而你不知道，我的無形「資產」就比你多。只求「知」，而不求「識」是現代文明的特徵。很可悲。

對我們的年輕朋友，想在自己的事業路徑上大步向前走，就產生一個大問題。沒有適當的輸入，報紙、電視、電台與網絡都不再提供有用的資訊。絕大多數是被

政治化的信息，甚至是扭曲作直的話語，讓人如何作出正確判斷？

如何分辨真假或扭曲信息？其實不難，只要細心去找這些媒體報道的新聞是否解釋事情的成因。沒有成因，就是推測；如果是推測，就很有可能不正確，那就不要好不懷疑就全盤接受。等於說，接受信息前，要有一個審查的過程，無法證明來源或原因的信息，基本上可以不理。比如說，某某人是壞人，要受譴責。但是並沒有說出原因，這種話語多數是扭曲的。只要習慣這種「因為—所以」的分析能力，很容易看出端倪，而不會上當。

「因為—所以」的邏輯可以經過練習，很容易上手。學電腦的人有句話：「垃圾進來，垃圾出去。」我們只要守住門口，不讓垃圾進來，信息自然真確。

5.5 小圈子文化不可取

現在有些人講究「小圈子文化」，小圈子以內的信息可信，圈外的跟自己無關。小圈子以內的信息絕非來自書本、報章、雜誌，其實是來自彼此之間的網絡通訊，儼然成為不容置疑的「真理」。可惜這些「真理」難登大雅之堂，只能小規模運用。

　　我在上一節說到本地媒體所報道的新聞頗為偏頗，樣樣事情都變為政治化。這個人不對，要打倒。政府也不對，要推翻。甚麼原因，不用解釋，莫須有。這種報道如何讓人知道真相？難道真相不重要？讓人費解。或許這可以解釋報紙、雜誌的銷路近年來急速惡化，以前的讀者逐漸失去興趣，不想再看，因為報紙、雜誌的信息真假難辨，對讀者來說毫無意義。當然，報紙、雜誌還有其他硬傷，比如說，網絡這種電子媒體更快速，更

即時提供信息，而且免費。同時，讀者閱讀的興趣變為「淺嚐即止」，知道事情的表象就足夠，報紙、雜誌不再是主流。

對年輕的朋友來說，本來希望得到一些有用的信息來幫助自己的判斷力，現在看來不可能。報紙、雜誌已經變成「娛樂場所」，去哪裏玩？去哪裏吃？加上各種賣藥的廣告，沒有甚麼價值。如果還有政治意味，更慘。自己原有的思維隨時給媒體帶着走歪路，搞出「思想不正確」的毛病，犯不着。

有甚麼辦法嗎？我自己的辦法是轉移注意力，從本地報紙轉到英文報紙。香港本地有份早報，內容還算中立，信息量足夠。不過有能力的話，可以買份《華爾街日報》，了解一下美國行情。不過也有過火的報道，始終美國人對於中國頗多意見（也可以說是異見），某些人更是逢中必反，我們看外國報紙，自己要有立場，人家說的只供參考而已，不能完全作實。如果是公司訂的外文報紙，值得關注《金融時報》，用字恰當。關注點很廣泛，覆蓋全球金融，英語更是拿捏很準，值得學習。不過價錢很貴，老實說，不是每個人買得起。最多是買份週末版，看看人家的副刊，學學英語。平時，就買一份香港的英語早報，看了好多年，總覺得跟本地中文報紙不一樣，本地報紙沒有的新聞，或甚少覆蓋的消息，英

文報紙就能夠補充本地報紙的不足。

這幾年，從讀者的興趣來看，香港有很大的變化。首先，根本沒有年輕人會看英文報（中文報都少！），因為有網絡信息更方便，橫豎知道就好，不必深入了解。其次，英語水平下降，大家把英語看成「異形」，最好不要接觸。再者，看報是希望自己能夠跟社會有連接，因為自己是社會的一份子，有切不斷的關係。但是現在流行的是「切斷」，有些人自成團隊，跟其他人切斷，互相不來往。這種是小規模切斷，就好像年輕人覺得上一代跟他們脫節，於是乎要切斷。還有一種是大規模切斷，好像近來有人把自己看成香港人，而不是中國人，這是另類的切割。跟社會切割，自成「一派」，是目前熱門的觀點。既然是切割，為何還要看報紙，根本不必要。這種人必然有他們自己的信息圈，從中獲取屬於他們認可的信息，而且是堅信不疑，這樣才能達到切割的目的。

這種現象很特別，似乎這兩、三年才出現，自己提供給圈內人一些特別的信息，不需要認證，只要是來自這個圈子的信息就是道理，必須聽從。所以，在過去一段日子，我在某幾家銀行講課之時就覺得聽眾很怪，好像跟主講人在思維上已經切斷，我講我的，下面的聽眾自顧自玩手機，對講者說的話完全沒有興趣。我起初以為是自己講的題材沒有吸引力，經常檢討自己的表現，

爭取改善。但是到了今天對這種現象進一步了解，原來才知道，問題不在我這邊，或許也不在下面的聽眾那邊。是一種無處不在的歪風在侵蝕我們，把我們原有相互連接的慾望逐步消除。大圈子不再存在，存在的是小圈子，裏面有自己創造出來的文化。用最簡單的語言來說，就是「我行我素」，別人不要管我。

由此可見，要有足夠的輸入，來判斷事物的對錯與真假變得很困難。反而小圈子「文化」四處可見。這種「文化」有很美麗的標籤，就是「自由」兩個字，我行我素就代表「自由」的核心。在家裏，父母不能管孩子；在學校，老師不能管學生；在工作，老闆不能說僱員，因為每個人都有一種「自由」，可以自說自話，隨便做甚麼，別人管不了。我本來不理解為甚麼某些人（年輕人居多）整天把「自由」放在嘴邊，因為他們追求的是「無人駕馭」的生活方式，而且追求自由幾乎是完美的訴求，難以直斥其非。

講起來，有點像幾個人選擇住在一個荒島上，無拘無束很是自由，在樹下吹吹海風，在海邊走走無憂無慮，很寫意。但是，不是住在一個孤島上，就有不同的場景。比如說，在市區行走，衣着就有一定的要求，不能說喜歡自由就可以獨行無阻。我覺得，這些年有不少人（不一定是年輕人）把自由定位太鬆散，自己喜歡怎樣

就怎樣就是自由。問題是大家都生活在同一個社會，社會本身就需要有一定的規矩。比如說，十字路口看見紅色燈號就要停，綠燈才能走，這是最簡單的道理。如果說隨便，自己喜歡怎樣就怎樣，肯定會造成交通混亂。其實，這些道理不需要多講，大家都明白。只是有些人強調自由，而破壞社會秩序，很危險。

第六章

提防文化
「斷、捨、離」

6.1 不搞分割

搞小圈子已經夠麻煩，還要搞分割。不僅是你歸你，我歸我，互不干預。現在是要自己，或自己人，說了才算，不容許有不同意見。不一定要對方歸附，但是絕對不能容納不同意見。這種搞分割的心態，很容易造成文化基礎的破裂，互相溝通很困難，造成社會不進則退的現象。

　　作為一個過來人（就是老年人的代名詞），總希望看到社會的進步，體驗「長江後浪推前浪」的老話。為甚麼？後浪推前浪就有機會進步，社會有進步，生活質量提高，不是好事嗎？如果把時間退回 30，或 40 年前，也是當年的後浪推前浪，把生活質量提升，讓香港這個地方更美好。現在我是過來人，自然希望看到後浪來推前浪，改善我們的集體生活。

但是，我在過去幾年看到有人在走歪路。不是在改善我們的集體生活，而是搞破壞。搞破壞也就算了，但是他們嘴邊還掛着難以相信的口號：「破壞是為了我們的美好前途。」但是謊言聽得多，自然會信以為真。當然謊言的傳播要有渠道，渠道就是經過媒體報導。他們玩弄信息，把收集到信息加以裁減，把信息弄成似是而非的新聞，讓觀眾或聽眾信以為真。為甚麼要這麼做呢？如果完全是政治考慮，那就是搞革命，智者不為。如果是經濟考量，希望增加收視率或收聽率，似乎把自身的道德責任置之不理，說不過去。

　　現在的社會就是這樣，道德責任放一旁，為了經濟利益播放一些扭曲的信息。甚至學校的教科書竟然有魚目混珠的現象，把不要得的信息滲透學童的教科書裏面。目的何在？籠統來說，就是以民主、自由為幌子，私底下搞對抗。這樣的教科書如何能讓學生學到應該要有的學識？難道學生要成為某些人的政治目的的犧牲品？所以，我作為一個過來人，希望學習的渠道暢順，學生學到該學的學識，成為後浪中的中堅份子，努力改善這個社會的生活質量。

　　不過我要小心，我說的情況或許跟年輕人不搭界。那些搞政治的人，或許搞經濟的人都可能不是年輕人。他們或許有一把年紀，從中大力推動年輕人搞事，這些

年輕人或許對政治、經濟都冷感，他們心目中想的是一種跟社會割離的心態，我歸我，你別管我。「別管我」代表年輕人的一項重要訴求，向家長提出。也可以向政府提出，要求政府照顧自己生活所需。這種「只要求而不付出」的心態，已經流行一段時間，只是沒有德高望重的人物來指出不妥之處。

年輕人追求的割離用英語來說，就是 disconnect，這現象已經出現好幾年，不過沒人出來把事情解釋清楚。另外還有一個字，就是 dissociate，有接近的意義。但是前者是切斷，完全沒有關係，後者是不相往來，大家依舊存在於同一時空。舉個例子，一個人跟家中其他人不來往，那是 dissociate。如果直接了當，脫離關係才是 disconnect。我看不少人在追求隔離，完全斷絕關係。不是說，彼此不見面就算了。而是說，彼此一定要切割，變成兩塊獨立的單元才是終極目的。

如果我的論點成立（當然成立），他們追求的目標就跟這個社會存在很大的衝突。這個社會有許許多多的單元，比如說企業。企業的存在，在於提供商品或服務給客戶。企業與客戶間的關係，建立在不易分割的關係上。如果客戶希望跟企業切割，完全沒有關係，豈不是要像魯賓遜那樣，自己生活在孤島上，絕對不是一種值得探討的生活方式。

為甚麼有些人如此趨之若鶩，要抗爭到底，一定要得到這種不用人管的自由。跟一些政棍想得到的自由不一樣，他們想要的自由是解除政治上的束縛，以後變為他們說了算。但是要完全切割，就講不過去。因為雙方已經產生化學變化，不像物理變化，可以扯開，還原到原來面貌，不可能。所以任何的行動都無法徹底改變目前的情況，用甚麼方式都無法 disconnect，現在搞甚麼都沒有意思，只會對一般人的思維造成偏差。

6.2 抽刀斷水白費功夫

> 　　道不同不相為謀，這種現象在今天的社會甚為普遍。的確如此，因為人與人之間存在各式各樣「道不同」的情況，而且無法疏導，彼此間有牢不可破的阻隔。近年發展更讓人吃驚，有人甚至採取武力，攻擊對方。彼此間不存在討論的空間，社會怎會有進步？

　　上一節講到「切割」，不管用 dissociate 或 disconnect，都是同樣的道理，就是跟別人「斷絕關係」。如果是朋友之間的關係，就容易處理，斷絕就斷絕，一刀兩斷。好像我在過去差不多一年的時間，跟十幾個朋友或相識斷絕關係，不再來往。因為大家的看法不一致，容易起紛爭，犯不着。跟有血緣的人，就好像難一點。最多不來往，很難斷絕彼此的關係。比如說，

這人是我叔叔，爸爸的兄弟。不來往就不來往，不能說，對不起，以後這人就不是我的叔叔。斷絕關係應該不是一件容易的事情。

有些香港人喜歡搞政治，底牌是不喜歡中國，不想做中國人，怎麼辦呢？很容易，把自己稱為香港人就好。不過有一個併發的問題，這班自稱「香港人」所居住的地方誰屬？還是中國的領土？或是屬於這班人所擁有？問題可以更複雜，如果有另一半在香港的香港人還是選擇做中國人，這土地該怎麼切割呢？不能說，不做中國人，所佔土地就可以歸自己所有。如果是這樣，上海人可以同樣宣佈自己是上海人，而不是中國人。廣州人也可以，深圳同樣也可以，如此類推，一下子中國變成好幾十個小國家，美國也一樣，50個州變成50個小國家。豈不是天下大亂？聯合國要擴大幾百倍也裝不下這麼多突變的小國家。

要求切割其實是很不爽的事情，因為一直相互連接，一下子要切割，感情上應該很難受。前些日子，香港因為疫情嚴重，有位老牌歌手在網上獻歌，唱出不少人心聲。但是有一個年輕人，就藉機發表他對這場表演的看法：過時，不屬於他這一代人。如果用我的說法，就是要切割。跟歷史切割，跟社會切割，講出來很有英雄感，因為他以為自己創造一個新的時代，取代過去。

新的時代沒有你我，只有他，以及跟隨他的人。你說，算不算切割？如果是這樣處事，還有許許多多的東西需要分割，比如說坐地鐵，搭公車怎麼算？你能坐，我也能坐嗎？在茶樓飲茶，你能坐下，我能坐下嗎？如此類推，不知道甚麼屬於你，甚麼我可以「搖車邊」，社會這樣分割的話，豈不是自尋煩惱？記得有兩句古詩：「抽刀斷水水更流，舉杯消愁愁更愁。」要用刀來切割流水，只會更愁。

我相信這位年輕人一定沒讀過這首詩，否則不會考慮抽刀斷水，費勁而毫無意義。這人的問題不是始於今天，一定在多年前已經想到切割，甚麼原因不知道。由於想像切割，而且是經常想，造成一種「信以為真」的假象。所以，我一直強調，假話說得多，自然變真話，而且還有人會相信，好可怕。所以，今天真話值錢，如果有人能夠說真話，我們應該尊重，而且要把真話傳開去。否則，在媒體，在網絡，都是一些自以為是的人在瞎說，害人不淺。

6.3 不能誣衊真理

有人說，今天媒體報導的文字充滿政治化。我不懂政治，但是我覺得現在文字背後充滿情緒化，帶一點自大。自己一定要贏，絕對不能輸。稍佔下風就鬧情緒，醜化對方，甚至出動旁門左道來打擊對手，刻意抹黑對方是新常態。

我剛講到 disconnect 與 dissociate，要大家特別小心。因為切割或割離之後，信息會減少，讓人難以作出正確判斷。很容易應驗了「垃圾進來，垃圾出去」的道理，不可不防與其他人切割後一定會帶來的反效果。其實還有一樣比切割更有殺傷力的情景，現在美國為首，正在對付我們，這種手段怎樣形容？英語叫 disintegrate，分裂，如果是主動，就該叫搞分裂。美國現在是政治上、經濟上把中國搞分裂。文化上，會有難

度，所以可以暫時放一旁。

　　把一個國家搞分裂，就是要讓這個國家四分五裂，沒有其他國家支持，自己無法存在。整個美國的政客都在進行「把中國分裂」這把戲。任何一件事情，只要讓美國政客，包括總統在內，一沾上手，一定要抹黑、污衊、排斥、打壓中國。好像在過去十年、八年中國害過他們，一定要報仇雪恥，不搞你不行。

　　其實不完全正確，美國在過去幾十年，一直是世界霸主，也是世界警察。第一，要人承認世界第一的地位。第二，有甚麼不順意，懲治甚至處罰。特朗普上任後更為明顯，要美國偉大，或再度偉大。自己偉大，等於別人不能偉大。好像中國在過去十年、二十年逐步和平崛起，成為世界第二經濟大國，而且還有統計數字認為十年後很可能超越美國，成為第一經濟大國。

　　這種預測，美國絕對不能接受，所以要全方位打擊中國，合理與否不重要。最要緊的是讓美國人「相信」在任的總統能夠把追近的敵手打敗，美國人一直相信勝利屬於他們，不容許其他人爭奪世界第一的寶座。美國人很有意思，他們對世界其他地方興趣不大，要旅遊也不過是在美國境內而已，很少、很少人出國旅行。不信？看看多少美國人手上有護照，不超過一半。我記得，當年我在美國工作，我的下屬對於香港認識有限。有人說

是在新加坡嗎？有人甚至說香港屬於以色列。這些情況有點誇張，但確是我的親身經歷。也說明美國人的信息很局限，對於國外的事情不感興趣，關注的是吃喝玩樂（本土為限）。嘴巴講人權，就是說別人管不了，自己有權決定一切。再講民主，更容易。自己屬於甚麼黨，就投票給黨代表，其他不用多問。講自由，等於講人權，自己說了算，別人管不了。

　　這種生活絕對不允許任何變化，包括中國的崛起。最讓他們害怕的是錢向中國流，美國人很清楚，有錢就可以自由自在生活。錢向中國流，豈不是產生一種威脅，絕對不能接受。所以產生一種憂慮，或許是反感，甚至是仇恨，不管怎樣，就是不讓中國超前，靠近都不行。這時候，心路歷程不再是 dissociate，也不是 disconnect，逐漸成為 disintegrate，要把中國打垮。表面上，說是中國的好朋友，其實是不讓中國人懷疑他們背後的動作。但是，打垮今天的中國不容易，起碼不是短時期內可以完成。客氣一點說，就是把中國視為「戰略上的競爭對手」，說白了，是「敵人」。而且煽動其他國家採取同樣行動，共同打擊中國，以達到打垮 disintegrate 的目的。

　　在過去的日子裏，不是沒有案例。比如說蘇聯解體產生許多小國家，本來跟美國冷戰，可以說平起平坐，

一下子，剩下俄羅斯孤軍作戰，怎麼看都不成美國的威脅。他們的領導相信，把中國解體應該也是一個有效的辦法，所以出動各種招數，搞 disintegrate。雖然不會成功，但是在大選之前，這種動作無可避免。

我不是政治人物，不懂政治。只是從信息傳遞的過程看美國的手段，傳播的信息可以說是一面倒，絕對不可信。但是香港的媒體，不少甚為偏頗，聽到美國採取行動打壓中國，特別雀躍，加大力度在香港的媒體上傳播，講得多，自然相信是事實，其實是外有糖衣的毒藥。如果我們同樣把美國看成「戰略性競爭對手」，我們就該防範錯誤信息，有識之士應該多元化解釋信息是否可信。

然而，香港近年有人熱衷政治化，看到這種難得的機會，加鹽加醋，希望從中得到一些政治利益，難怪有許多充滿歪念的人藉此發動反對行為。我們身處這種怪異的時局，特別要注意信息的可靠性，千萬不能掉以輕心，別人說甚麼都相信。

6.4 輸入正確信息

> 　　多年來一直有人說香港是「文化沙漠」，沒人考證為甚麼這麼說？文化水平低？還是甚麼？最近幾年更差，因為網絡文字流行，白字連篇，也不計較。讀書不重要已成不少人的共識，我相信是因為攝入的信息實在太支離破碎，不求甚解所造成。

　　我前面講輸出，關注如何講與寫，講究表達自己的方法。接着講輸入，如何找材料、信息來豐富自己的內容，讓講話、寫作有改善。如果問我，到底輸出重要？還是輸入重要？當然最恰當的答覆是兩者並重，或許我該說，兩者無法比較誰重、誰輕？輸出比較明顯，別人看得到；輸入不明顯，別人看不到。我們的俗話說一個人講話無遮攔，哇啦哇啦說不停，而且沒有內容，叫做

「大隻廣」，就指人的輸出虛有其表，沒有實際內容。如果只是悶聲不響，死讀書追求知識或信息，無法反饋，那就變為「讀死書」，一樣不好。

現在的情況，以我觀察就似乎輸出的問題比較嚴重，會講、會寫的人不多，能夠表達自己，或是清楚說服別人的人馬不多。相反，輸入的問題不明顯，因為很難量化每個人的輸入量。等於說，看得書多，不一定有學問。講得好，就像有學問。這道理告訴我們，講得好是一種技藝。反而，裝進腦袋的知識，需要細心挑選，否則信息過多，無法消化，反而不美。

我在銀行工作多年，在貸款部處理貸款審批頗有感受。為客戶寫申請報告的人，都有一個通病，就是「寧多勿少」，信息多多益善。只有一個原因，寫的人怕看的人看不懂，多一點讓看的人看得清楚。問題是寫的人從未想到自己最好寫得簡單明瞭，看的人就會少費勁。由於這種通病，香港下令給貸款部同仁，要傳過去倫敦總部審批的申請文件要限制篇幅，每個格子可以填的字有限，多也填不進。所以大家就用字母最少的字，節省空間。那些毫無意義的用字，比如說「這個時候」、「由此觀之」、「值得關注」等等廢話，一定要刪掉。習慣這種寫法，寫東西簡單明瞭，人人讚賞。也可以說，由輸入影響輸出。

記得也曾有位上級，他看我寫的東西特別快，可以說是一目十行，不是從左而右，他是從上而下，幾十秒就看完，馬上簽字。我覺得這功夫要得，想跟他學習。原來他是在找一些「負面」的文字，比如說，discomfort、displeasure、dishonest，他習慣了，一眼就可以找到這些負面的文字。他的道理很簡單，如果有負面的文字，多看兩眼。沒有負面的文字，錯也錯不到哪裏去，放心簽字可也。我後來逐步學習這種方式看文件，果然很有用，快很多。而且，寫的人知道看的人並不是每個字細心看，他會很小心處理原稿，不想出錯。試想：如果看的人每個字細心看，而且琢磨一番，寫的人肯定不會寫得很細心，把「守門口」的責任向上推了給簽字的人。

　　這就是抓重點，不讓自己陷入時間陷阱，時間總是不夠用。這種現象在商業機構很普遍，同樣事情做兩次，等於說，兩個人都在做「品質管制」。我看中文也有同樣的道理，筆畫較多的字要小心，比如說，嚴重、懷疑、處罰、管制等等，很容易就可以看出，自己心中有數，這篇東西要小心處理。其他的可以過就讓過，不會出重大差錯。同樣的道理，在看書也是一樣，看到這些文字就知道一條船開進風浪中，小心閱讀為妙。

　　記得銀行高層相互之間有公文來往，我有幸經常看

到。我起初以為是文字苦澀難明，其實不然。文字很簡單，一看就懂。而且，我知道，他們之間的公文很多時候都是口述的，經過秘書速記打出來的。既然口語化，怎能用複雜難明的文字呢？這道理給我很大的啟示，簡單才是美德。或許用今天的話來說，「少才是多」。英語是 Less is more。

在收集信息、資料的時候，我們總有「寧多勿少」的心態，先輸入再求刪改，所謂去蕪存菁。而不是一開始就來去蕪存菁，沒用的不要。根本不讓沒甚麼用的資料、信息進入我們的儲藏系統之內。將來要用，也就是有限的信息、資料，靠自己的功夫把它們整理、排列，再輸出。

到了這裏，或許我們要再問自己：到底輸入重要？還是輸出重要？似乎輸入比較重要。輸入是一種取捨，有用的信息、資料留下，其他廢棄。取捨需要判斷，要作出判斷對現下的人來說不容易。現在流行的是跟風、起哄，沒有自己的見解與看法，一窩蜂去做一件事，對與錯不是考慮因素，最要緊好玩。在這種大環境下，我說：「大家要注重輸入，選擇適當的信息、資料，一定有人會批評我的話不落地，而置之不理。」

6.5 選擇就是捨棄

> 現代人不少喜歡收藏古董，可以理解，因為很有機會升值。但是信息就不值得收藏，有信息就要用，完全沒有收藏價值。外國人說：「信息是力量。」不是沒有道理，但是要用得上才有力量，收藏只會讓信息貶值。所以信息要精挑細選，有用的留下，否則棄置。就算目前有用，也需要經常更新。

　　這一節講的是輸入，最重要的一點是要大家採取一種選擇性的輸入。輸入的東西不外乎是材料、信息、資訊這些大家一講就懂的東西。但是大家不懂的是：甚麼才算是有選擇性呢？首先要有一種心態，不是樣樣都有用。換句話說，我們不是閒着沒事，在樹蔭下坐着納涼，隨便甚麼東西都拿來看看。那是消磨時間，對於信息沒

有選擇。我們都有自己想要的信息，因為想要用上這些信息，來完成一件事情。比如說，交篇文章，不同題目對信息有不同的需求；準備演講稿，需要的是另一種信息；做培訓，不僅是信息，還有可能要其他材料。我想說的是：不同的工作都需要不同的信息，而且不一定是愈多愈好。

要看有多少時間，如果只有 3 分鐘，自然材料要拿捏很準，千萬不要多。如果是一小時，那又不一樣。需要多少材料，完全視乎有多少時間。我有個很好的故事，可以用來說明時間多與少，影響內容。有一年，我在上海擔任滙豐銀行的總裁，每年要接待倫敦總部過來訪問的董事長，可以想像，他的時間很緊張，到甚麼地方都像蜻蜓點水，停留十來分鐘就告辭，飛奔下一站。他從北京見完政府官員飛到上海，我在上海等他，因為他想知道我們在上海業務發展的近況。不過時間有限，最多半小時。沒問題，就準備半小時的「菜單」。沒想到交通堵塞，引致時間有點緊張，有電話來告訴我，在路上，馬上到，不過只能待 15 分鐘。好，沒問題，菜單即刻改短。後來電話又來，現在只有 5 分鐘了，不用上來辦公室，就在停車的地方聊幾句。好，沒問題，材料全作廢。我在路口等他，橫豎只有兩三分鐘，我的下級也不用列隊歡迎。結果他到了，根本沒時間下車，又要趕

下個會議，因為政府官員時間有限，改來改去，影響我們內部會議的時間。我倆終於見面，沒甚麼可談，我只是說了一句：「我們很好，不擔心。」跟着大家揮揮手說再見，下次再作匯報。

有了時間作為一種約束，下一步就要作出篩選，哪些信息可留，要留，其他信息不留。自己要有快而準的判斷。記得滙豐銀行另外一位董事長在這方面別有特色，他經常聽匯報，反應很快。他的習慣是聽進耳內的話，他不作聲。聽不進的話，馬上就有反應。有兩個字，一是 irrelevant，不相關的意思；二是 immaterial，不實在的意思。（可能翻譯得不好，希望大家從英語去考慮他真正的意思）等於說，他悶聲不響，反而好；如果他作聲，肯定是兩個字其中一個，沒有好結果。絕對不會浪費時間，讓講的人繼續下去。不對，就立馬叫停。當時年輕，心中恐懼多於一切。但是事後細心研究他的話，覺得很有道理，不對的東西馬上切斷，不讓其進入自己的思想領域。或許有人會說，這樣不公平，讓講的人講完才對。他的想法是用排除法，把他認為是垃圾的材料排除，不把時間浪費掉。

他的方法可以說是「去蕪存菁」，無用的不讓進門。當然他有權勢，可以把無用的東西拒諸門外；但我們沒有權勢，比如說在匯報場合，不能叫停，只能忍，必須

聽完。怎麼辦？我的方法是記下關鍵論點，一般匯報最多三到四個「重點」，其他的都是陪襯的文字，沒甚麼重要性。看穿了這種情況，試試看去抓重點，不難的。我這個方法在內地最合適，因為一般人在匯報的時候，很多廢話，因時間一般很充裕，不加料很難把時間用掉。如果自己縮短，會給領導感覺自己沒甚麼料，不值得。記住，當一塊石頭扔進湖中，掉下去那一點是核心，漣漪慢慢散開。抓重點，就是抓核心。所以，外國人有句俗話：「抓牛要先抓角，抓住其他部位沒用。」

我們已經進入信息氾濫的時期，而且還有假信息，防不勝防。處理信息是一門大學問，甚麼要，甚麼不要，要有判斷力。但是我們在接收信息的時候，必須先要篩選。用甚麼方法，各有所好。但是最起碼要知道，要抓重點，不能全收。

記得有個師兄，早年退休，去了多倫多。大概有點身家，50 左右就不再工作。整天在家看書、寫字、作畫，甚為寫意，讓人佩服。他跟我依然有來往，一年電郵一兩次，他總是會介紹他看過的好書，寫一兩句評語之外，還會寫上書中的核心價值，兩三句而已。我會「跟風」，他說好，我就去買來看。因為我想看看我自己的觀點跟他是否一樣，你猜呢？差不了多少。原來一本書的核心價值不難發現，問題是讀者花了多長時間去尋找

呢？首先說明，我很少、很少看小說。因為小說是一個故事，不存在的，是作者編出來的，我是不願意花時間在這種書上。我看的絕大多數是非小說類，英語叫 non-friction，為甚麼？這類書必然有核心思想，讀者可以在書中找到。

我用的是排除法，把無關重要的文字很快看過就算。遇上作者的核心思想就記下來，不多的，就兩三句話而已。我會跟師兄的看法比對一下，看看是否接近。不瞞你說，很接近，證明師兄看書大概跟我一樣，挑重點。其餘枝葉很快翻過就算，不會深入了解。

這種閱讀方式是對還是錯？我不敢下定論。我只是覺得可以省下不少時間，多看兩本。大概師兄也是如此，否則一年要看接近 100 本書，絕對不容易。（他說的，我也相信，看他的書架就理解）

第七章

職場前路
怎麼走

7.1 拿捏準

> 「拿捏」是內地常用的話語，就是我們所說的「把握」。說人拿捏準等同說這人把握準確，關鍵在於準確。說這話，讓我記起在北京工作的日子，最怕就是下面的人經常說：「您別管，我懂的。」就是說，讓他搞，他有分數。可是這種「放權」往往是悲劇的序曲。

原因很簡單，做事很難拿捏準確。隨便舉個例，有客自遠方來，叫人安排飯局，要弄得像樣。肯定是大魚大肉，配上 15 年茅台，非同凡響。很少會自我約束，得體就好。不過，說句公道話，如果沒說清楚來客是甚麼來頭，關係怎樣，想要拿捏準確，絕非易事。

一般人的想法，總是多好過少，寧多勿少，擺滿一桌，利多於弊。如果套用滙豐銀行的場景，更難拿捏，因為高層以簡單、樸實為核心思想。記得有次董事長招

待某內地市長午飯，開出菜單很簡單，三菜一湯。（這種小事也不作興下放）我的同事做陪客，有點擔心菜單太薄，不好意思，於是請我出面「協調」。這種事，最好不管，但是找上門，無法推搪。於是吩咐廚房依舊三菜一湯，不過其中一樣分開兩盤上桌，一個美名為蝦仁炒蛋，另一個叫蛋炒蝦仁。算起來，依然是三菜一湯，不過多一個盤子，桌面上看起來豐富一點。

說是拿捏準確，其實不然，是小聰明，不值誇獎。反而給董事長罵一頓，說我們做銀行的，明人不做暗事。三菜一湯沒甚麼不妥，下不為例。這個小故事說明拿捏準確不容易，不要小看。或許我們可以說，小事糊塗，大事拿捏準確就好。其實，不管大事、小事，要準確把握，要用心思。一個人能不能被人賞識，不能單獨靠學歷、經驗、見識，關鍵在於判斷，尤其是一閃而過的事情，如何作出準確判斷至為重要。判斷是一種綜合能力，也是一個人是否靠得住的核心價值。

在我 40 年銀行工作經驗，各位上司算是賞面，譽多過毀，但是很少聽到他們誇我判斷能力很強，最多說我這人很平衡。說得難聽，就是不算差，也不算好，平穩而已。不過我可不會為自己辯護，我怎麼不好？說我不好，是他們沒眼光而已。我倒覺得，能保持平衡已經很好。比如說，做銀行總會接觸貸款，如何保持平衡？不簡單。一方面根據數據顯示，給出正面的意見；另一方

面檢視其他可能出現不妥的地方，不是一面倒傾向「玉成其事」。這樣的判斷才能準確，所以說是持平，已經是一種表揚。

現在的社會盛行「自己永遠對，別人一定錯」的想法。這就是搞對抗的心態，不過有些人不用對抗兩個字，用抗爭兩個字。後者比較進取，因為有爭的含意，不僅是對抗，還有爭取。但是忘記了社會問題總是需要當事人採取「give」和「take」的妥協，要有「得到」就要有「付出」，所以要問自己付出甚麼，來換取想要得到的東西。只是單向思維，想要得到，而沒有付出，事情擺不平。這就是我們目前面對的困難，人人只想得到，而不想付出，世上哪有這麼好的事。

持平的態度，有先決條件。第一，要心平氣和。得與失有必然性，每次都是自己勝利，誰跟你玩？2020年，澳門賭王過世，他留下不少經典的對白，有一句：「賭場沒有天天都贏錢的賭客。」有贏之日，也有輸一日。好像香港名曲〈獅子山下〉有一句：「在獅子山下，總算歡樂多於憂傷」，也有異曲同工之妙。我的經驗告訴我：跟總是想贏的人交朋友很累，相反，跟輸得起的人交往關係可以很長久。能夠持平，也是說人能夠拿捏準確，不偏袒歪理，心中坦蕩蕩。

這是我們第一樣要裝備自己的態度，其他學歷、見識、經驗等等只能排在後面。

7.2 ✦ 求學問

本來我想用「求進步」作為標題，後來改為「求學問」。原因有二：第一，「進步」有點商業化，進步就是比以前好，目標明確，為結果而奮鬥，重視 output。第二，「學問」是累積的過程，不能停下來，講求耕耘，重視 input。兩者比較，我覺得「求學問」的鼓勵性較強，所以把它作為題目，鼓勵大家努力充實自己。

「求學問」有可能是一個偽命題，因為講歸講，不會發生的。因為許多年輕人老早把畢業作為一個階段的結束，很有可能以後不再需要「求學問」。我在這裏高聲疾呼完全不起作用，何必呢？但是從或然率的角度來看，人家不求學問，自己求，就比別人進步更多。但是又面對另一個「偽命題」，因為有進步不一定有機會，現代人

追求的是機會，不一定是從「有進步」而來。有機會就是能爬得更高，賺錢更多，生活更寫意，人生更幸福。有許多活生生的例子證明，機會跟進步沒有因果關係，的確如此，才讓人沮喪。因為勸人求學問，因而求進步，似乎這條路到底為止，接下去不一定是有機會。

我的職業生涯可以見證剛才所說的道理，很多人碰上機會，不一定是進步的結果，只是運氣好而已。但是我不想告訴讀者，求學問不重要，大家閒坐着等機會或許更好。我覺得我們應該把「求進步」跟「求學問」分開。求學問就是求學問，不問求學問會有怎樣的結果。等於說，不把兩者之間扯上因果關係。求學問就讓人心安理得，充實自己而已。

如何充實自己？看書？不一定是唯一的途徑。參加研討會，聽專家或學者發表意見？我覺得都是可行的辦法。不過不是「照單全收」而不加消化，成為死板的學問。學問在成為學問之前，要有消化的過程，不要的信息去掉，要的信息留下，經過整合成為自己的看法。

為何要充實自己？我有這樣的看法，跟大家分享。第一個是個人修養的要求，古人所說修身、齊家的概念。第二個是時代變帶給我們新的要求，好像我在銀行工作差不多 40 年，大部分時間是在處理「普羅大眾」的業務，只有五年左右的光景在處理「高端客戶」的事宜。

我發現兩者之間原來有很大的不同，在於客戶對我們的要求，完全不同層次。差別在哪裏？就是我們懂得多少？懂得多少就是學識有多少。普羅大眾的客戶要求快捷、方便的服務，而高端客戶（即所謂的私人銀行客戶）要求我們學識淵博。不僅銀行不同產品相關的各類資訊，更重要的是要我們成為他們身邊的「活動字典」，一問就有答案。怎麼做得到？很簡單，你做不到，別人做得到，生意就跑到別人那邊，不要怨天尤人。

記得我 20 多年前，在加拿大溫哥華負責當地私人銀行業務，有個客戶從英國打電話給我，問及香港新移民對本地市場的衝擊，例如：房地產的走勢、對就業率的影響、東西岸的人流趨向等等，把我當作專家一樣，問得很細緻。可以理解，對方手上有多餘資金，如何擺放需要多維度考慮。我只能硬着頭皮，把自己看作專家，但是自己知道，原來自己的賣點在於「地方智慧」。反而對錢不是看得太重要，我如何建議也就二話不說，可以照辦。那時候，逐步了解自己的價值在於所掌握的信息，而且是有深度的。

十多年後，到了美國負責私人銀行業務，也沒兩樣，客戶要求的服務不僅是快捷、方便，而是當地的行情、人情，甚至國情。比如說，美國會否出兵伊拉克？我怎麼可能知道。保時捷跟美國野馬跑車如何比較？就

算沒開過，也不能啞口無言。就好像提供私人服務，難怪叫做私人銀行，講究彼此之間的信息交流，不容易全面掌握客戶的需求，需要不斷跟隨市場變動作出更新。所以我說「求學問」其中所指的學問是準備與高端客戶周旋的知識、見識與學識。沒有界線，也沒有深度要求，但是我們要理解，客戶要求隨着時代變而改變，要追上不簡單。

可惜，現代銀行不會花時間去栽培「通才」，樣樣都懂。只是提供有限培訓，讓人有某些專業技術就算。跟客戶的來往自然逐漸生疏，因為客戶不需要技術「擴容」，反而希望彼此在智能（intellectual）上多元溝通。這就需要我們不斷求學問，充實自己，應對更高層次的挑戰。

7.3 吃小虧

經常聽人家說：「退一步天空海闊。」意思就是要人退讓一步，就容易把事情擺平。我覺得這句話有道理，輸一點反而贏面更高。但是，另一邊我們也經常聽人說，我們要爭取雙贏局面。表面上似乎很有說服力，雙贏多好！自己贏，對方也贏。但是數學上不對呀，就好像在賭檯上，賭客贏，賭場也贏，誰輸呢？賭檯上，必然是一贏一輸，怎麼會雙贏呢？

反過來，雙輸的局面倒不稀奇。兩個人打架，絕對有可能雙輸，因為兩個人你一拳，我一腿，兩個人都受傷很正常。如果我們用數學來表述，雙贏最好（雖然不可能），雙輸最不好，我接着要問的是：「剩下兩個可能性，你輸我贏，我輸你贏，哪個比較好？」我問過不少

聽我課的同學，猜猜大家怎麼回答？不用說，十居其九都是說，你輸我贏好過我輸你贏。其實我是故意這樣問的，希望帶出以下論點：對方輸，對方一定不服氣，一定要你好看，搞破壞，結果弄成雙輸；相反，如果自己輸，讓對方贏，對方一定覺得很爽，反而會合作，事情好辦。自己輸一點，結果把事情擺平，是不是輸小贏大，反而有點像雙贏。

就好像去買東西，會做生意的老闆總會說，便宜一點賣給客人，買的人覺得爽，自然買下來，而且往往會多買一點。結果，買的人贏，賣的人也贏。是不？這就是先輸一點，結果做成生意，製造雙贏。如果一開始，老闆就死不讓步，買家自然沒勁走開，生意做不成，誰輸？兩家都是輸家。我的經驗經常證明我的論點正確，所以我不怕先吃點小虧，造成雙贏機會在後頭。但是，理論如此，能做得到的人不多，往往是死咬不放，一定要贏，結果雙輸，怪不得人。

記得好多年前，我在滙豐某分行做儲蓄部門主管，天天上班的同事都要經過我面前一條長走廊。有一天，有個想法。我把附近一個盆栽搬到走廊中間，有點擋路。結果我發現幾乎每個人經過都是側身而過，不發一言，好像不覺得有甚麼問題。就算是問題，也不是一個人的問題，避開就算了。但是有位女同事，走到盆栽前

面，咦一聲，然後把它拖走放一旁。我也不解釋為甚麼這麼做，等到第二天我再來，也是一樣，別人都不管，只有她會把盆栽拖到一旁。我把這人名字記下，等到有機會就考慮她升級。小事一樁，但是顯示出有人願意吃點小虧，她會比別人願意多付出一點，就憑這一點，我願意給她機會在高一級的位置上盡多一分力。

這位同事給我一些啟發，如果自己在職業生涯上也是採取同樣心態，或許比其他同輩多點機會接受更高的挑戰。等於說，自己願意吃點小虧，或許有機會能夠跑得快一點。先吃小虧，將來有機會再贏回來，不是很好嗎？

不願吃虧是人之天性，加上別人也一樣怕吃虧，自己更是吃虧不起。絕對不會想起：退一步天空海闊。反而是「執輸行頭慘過敗家」，好一句廣東俗語。人人怕吃虧，自然沒人願意吃虧。可是，這或許是個機會。因為人人不願做的事情，你願意做，自然給人一個良好的印象，覺得這人靠得住。在今天時代變的時候，讓人覺得自己靠得住，這種感覺千金難買，不要放過。

吃點小虧無所謂是一種心態，說的俗氣的話，就是讓點位置給別人，而不是自己獨佔。說得嚴肅的話，就是謙讓。看看現在的社會就是你爭我奪，沒人謙讓，造成許多不平之氣，彼此要爭鬥，要贏不能輸，贏不了

產生怨氣，讓這世界不太平。反而有位教友經常告訴別人：「要先倒空自己」，指的就是心中不平之氣，才能容納其他更美好的東西。不難的道理，要學習如何實踐才行。

7.4 起步快

起步快，簡單來說就是快人一步。我以前一直不懂為甚麼人家運動員在短途比賽起跑的時候，總希望起步快。技術上來說，一般選手是在聽到起跑槍聲才開始跑，起步快的概念就是跟槍聲一致，槍聲響那一霎那，腳已經抬高準備踏出第一步。而不是聽到槍聲才抬腳，兩者相差半步的時間。對長途賽跑來說，起步快沒意義。但是對於一百米的比賽，半步可能是勝負關鍵，所以有選手願意冒違規來爭取那一點點優勢。

當然有利就有弊，腳一抬起就放不下，萬一裁判稍微慢一點開槍，腳就踏到地下，犯規，技術上叫偷步。最怕第二次開跑，心理上有壓力，隨時再次犯規，結果

真的再犯而被取消資格。

　　要問自己的問題：有風險為甚麼還要搶先一步？短途賽跑勝負在一兩步之間，能夠快半步自然想快這半步，有風險也要搏一搏。那麼做人不是跑短途，根本不用考慮偷步，是不？如果這句話沒錯，怎麼會有一句本地俗語「執輸行頭慘過敗家」？證明我們知道樣樣要快一步，否則自誤。所以我看，快半步總有優勢，不該輕視。從過去十多年在銀行做領導者的經驗，看出一種心態，大家寧死也不出頭。不信？大家開會最後一段時間可以提問，總是一片沉靜，沒人有問題，或許扭捏一番，有個人舉手問一個無傷大雅的問題。基本上就是不想問問題，不過不等於沒問題，只是不問而已。

　　這種現象跟我年輕時候很不一樣。當時是大家搶着問問題，因為開完會就要開工，不問清楚就吃虧。現在不一樣，大家知道，開完會還會有下一個會，繼續討論下去。問問題？何必？因為一定還有機會，不急。而且，也不知道應該問甚麼問題。一來主持會議的人沒說清楚，二來自己也沒仔細聽，怎麼問呢？以前開會有點不一樣，到了最後階段，主持人會邀請參會者問問題，不問也不行。這時候，我的經驗告訴我，快舉手問問題。第一個問，肯定有優勢。要是等到人家都問過，自己才問，問題就不「新鮮」了，自己不能再問。

我發現如果能夠快一步，一到提問時間，說時遲那時快，馬上就舉手提問題。搶先一步，就像賽跑起步一樣，絕對有好處。這樣有幾個好處：第一，表示專注開會，留下好印象。第二，問完自己可以放鬆一下，起碼自己已經「交差」。第三，給人感覺很不錯，像是會中重要人物。如果說，沒辦法立馬想出問題來提問，那就應該在會前準備好一個問題，未雨綢繆的概念。

　　我相信，我們今天說「時代變」，但是我敢說這種風氣短期內不會變，只會加劇。為甚麼？因為現在流行的是「分化」，英語叫 disintegration。大家各有不同的的想法，你幹你的，我幹我的。問問題其實是希望產生共同的理解，做起事來事半功倍。但是現在是「各家自掃門前雪」，少管閒事為妙。做領導人也沒有辦法解決這種分裂的局面，但是總是希望聽到一些「關心大局」的聲音，我覺得提問的人總會給領導者良好的印象，我們不該把提問看成一種「違規」的動作，尤其是有益、有建設性的問題與提議。

　　我理解，本地文化中有種「不屑一顧」的心態，會掛在提問者的頭上；原來是想出鋒頭，我才會這樣做。這種心態把自己跟團隊隔開，一個團隊逐步變成一個個小單位，彼此間沒有甚麼接觸，產生「事倍功半」的反常現象。這種現象很不好，簡單來說就是看不起別人。個人

角度如此，整體角度也如此。我們似乎沾染一種排斥人的習慣，問題是我們自己並沒有看不起人的條件。

回到快一步這個題目上，一句話來總結，想快一步的人，都是想贏的人。問題是不違規，而能快人半步，這半步或許帶來好結果。不僅是賽跑，在其他各種的比賽中，能快人一步總是好事，我們要認清快人一步是一個機會，而拖人後腿反而會帶來雙輸的結局，絕不可取。

辨是非

現在有個普遍的問題。人要分出是與非有難度？就是因為我們的生活充滿「耳濡目染」，不完全正確的新聞報導。網上的傳聞，不少是選擇性報導，反對派不同場合的瞎扯，還有一些退休人士，隨時都能帶給我們一些歪理，影響我們正視問題的能力，無法分辨是與非。有甚麼不妥？有意無意強迫我們做一個「盲從」的人，橫豎過去幾十年不少人就是喜歡不動腦筋，做一個靠手腳幹活的人。

為甚麼我說的如此「無情」，或許可以說如此「無禮」？那是因為我在英資銀行打工超過 30 年，在仕途上緩慢爬升的過程中，難免會看到一些老外高級領導罵人的情境，自己也有切身經驗。如何做個小統計，出現最

多的字一定是 idiot，白痴之謂也。當然，如果情況嚴重，老外還會加多一個「f」打頭的助語詞在前面，加強語氣，表示憤慨的程度。試想，為甚麼要用 idiot 這個字呢？中文翻譯叫白痴，其實指被罵的人沒腦子，腦子不用如同白痴。再問一下：中國老大（當年不多）又會怎樣罵人呢？很少人會用白痴兩個字，光是一個「痴」字就會，但是不是真正罵人，只是用這個字來宣洩一下對人稍有不滿。

為甚麼老外會用 idiot 呢？這字背後有一個「學名」，就是用深奧的詞彙來解釋這個字的真正含義。學名是 intellectually bankrupt，甚麼意思？一個人值錢不？以老外的角度來看，一個人之所以值錢全靠腦袋裝有多少材料（等同肚子裏有多少墨水）。一般人材料有限，就派去幹一些需要手腳勤快的工作，不需用腦。但是有一小部分人不僅是腦子裏面甚麼都沒有，而且是「負數」，即所謂破產。腦袋破產，或腦子裏的材料破產就是指一個人肯定帶給上級麻煩，但是上級很少用這個學名來稱呼別人，文字太長，罵人不夠味道。因此 idiot 順理成章出逃，成為罵人的用字，而且大家都懂，說人沒有腦袋，一個白痴。其實源頭是說一個人腦子空洞洞，不可信賴。

我很少這樣稱呼別人，因為我總是保有希望更多人能夠跟上來，但是分辨是非的能力很重要。不過我這句

話可能是「偽題目」，意思就是說這題目根本不存在。世界上哪有是與非？老早已經是非不分，明明是，有人卻說非；反之亦然，明明非，卻有人說是。

沒幾年之前，我們一直以為美國很「偉大」，基本上甚麼都好，簡直是人間天堂。想要甚麼就有甚麼，物質豐富難以置信。當然，講到自由，簡直是不敢相信，說甚麼都不用害怕，想罵總統就罵他，沒人理會。在國際事務上，簡直君臨天下，看誰不順眼，就把他打垮。不少從香港過去做新移民的人更是讚不絕口，住在小洋房，前後有花園綠地，雖然稱不上世外桃園，但是比起從前在香港，是天跟地的差別。開車到超市，更是蔚為奇觀，規模之大，貨品之多，無與倫比。一句話，美國真是一個偉大的國家，帶給人民幸福的生活。要找另外一個地方可以比較，不容易。

以上所說的是美國人民的感受，或許可以說是一小部分可以負擔如此生活方式的人的感受。可是這種生活方式給其他地方的人一種很統一的概念，美國是好地方，不會想到其他不好的事實。至於美國那些政府領導人嘴巴上說的「讓美國再強大」是甚麼意思？很少人去分析。以我從外邊看，美國不是已經很強大了嗎？人民的生活方式讓我們艷羨，衣、食、住、行樣樣比我們強得多。還要怎樣強大，才算強大？搞不懂。

從這個角度看事情就能理解：政客說的強大，跟人民心目中的強大不一樣。不要把「強大」兩個字看成「一個尺碼人人適合」，其實政客的強大很不一樣。他們關心的不是人民的生活質量，反而關心他們自己在位置上的話語權。強大的意思，就是他們說了算，別人（也就是別國）不能反對。反對等於搞對抗，必須制裁。這麼解釋，就能理解政客所說的強大，可能跟人民的生活質量完全沒有關係。問題是：為甚麼人民對政客所說的強大如此着迷，明明是跟自己生活無關呀。是不是有點矛盾？

　　其實我們可以把生活分為兩部分，一是物質生活，另一是精神生活。在美國，物質生活老早就超越大部分國家，說自己第二，沒人敢說第一。但是只有物質生活，心靈空虛不行。所以政客搞出一個說法，來滿足大家的精神需求。我們強大，還要更強大，不許有人擋路，擋路一定是壞人，要制裁，要打壓。橫豎自己國力（包括武力）世界最強，要制裁，要打壓，誰敢不從。過去一段時間，大家看過不少國家吃過苦頭。有的國家吃過苦頭，再也站不起來，垮掉。有的低頭做人，認美國為老大，以保安全。

　　美國人表面上客客氣氣，但是心裏輸不起的心態很快就會給別人看穿。不說別的，只看 NBA 比賽就知道，

每個人都是捧主隊，一開場就叫口號，非要贏不可。主隊帶球大家一起歡呼，對方帶球噓聲四起。不是來欣賞球藝，是來享受勝利的滋味。

在國際關係上也一樣，我說你不對，就是不對。二話不說，隨時出動軍隊要你好看，也讓人民看到美國的威風。追求勝利，可以理解，但是逐步形成一種獨一無二的心態，老二太靠近就是威脅。用他們的專有名詞，這就是國家安全受到威脅，一定要將靠近的國家打得粉碎。這一點跟許多國家的人不同想法，尤其是中國人。試問：我們內地有 56 種民族，各自有文化。但是我們能夠和平共處，因為大家都有一種「彼此包容」的想法。而且 2,000 多年前孔子的學說影響深遠，大家一直抱着「仁義道德」的態度來過日子，深信繁榮、穩定才是長遠和平的基礎。

還有一點兩者有很大的區別，就是美國領導人關心自己的選票，講的是精神生活的飽滿：我們國家很偉大，世界各國都臣服。很少講到改善生活，增加就業，改善醫療，推行教育。相反，中國這幾年一直在改善民生，希望盡快脫貧，更多人生活在貧窮綫之上。前幾年，中國政府強調「小康社會」，提高大眾的生活水平。其實有點不落地，因為似是「沒學會走路，就開始跑」。現在講「扶貧濟困」就比較現實，講的是物質生活的改善。

或許因為這樣，讓美國領導人覺得咱們沒有花時間、精神去「糾正」我們的意識形態，跟美國學習。

最讓他們吃不消的是中國的崛起讓別的國家矚目，本來美國就是全球「吹哨人」，不是告密人的意思，而是所有比賽的球證，誰是誰非由美國說了算，其他人不能靠近。中國的崛起自然惹起美國的不滿。以往的不滿零星落索，今天的不滿是集體化，不必提出證據，而且不擇手段，任何時候都可以發動攻勢。

美國從中美貿易談判開始顯示出不合理的要求，自然背後有不合理的理由。其實不合理的理由本身就不算理由。比如說，關稅要加 50%，因為過去太多中國貨進口美國，所以要抽關稅，這是保護政策，沒有合理不合理。我說的不合理不在這裏，而在於美國作為買家，要怪就怪美國人消費太多，而且本身沒有其他更好的選擇，需要從中國進口。進口大於出口，自然產生逆差，而且錯不在中國。另外還有兩點不合理：第一，美國抽關稅，不等於是成功打壓中國，因為關稅可以轉嫁給美國消費者，最終吃虧的是美國人民。第二，美國跟中國買貨，表面上看起來似乎是中國人搶掉美國工人的工作，因為工廠設在中國。問題是為甚麼工廠會設在中國呢？很簡單。因為在美國無法找到工人，願意接受低工資水平，在美國設廠根本行不通。

以上兩個原因才是真正的問題所在，增加關稅不能解決問題。但是為甚麼領導人要這麼做呢？要分兩個層次來理解：第一，美國消費者是最終吃虧的人，東西貴了。但是影響的是人民的消費力，跟政府無關。政府要得到的是廣大無知人民的表揚，因為領導人打壓中國，勝利在望。第二，領導人可以出口氣，因為代表人民跟中國過不去，萬眾歡騰，自己的選票有可能多幾張。從選票角度來考慮事情，是還是非？在美國不容易分得清。

　　中美貿易協議簽訂之後，新冠肺炎橫掃全球，美國領導人並沒有立即採取防範，導致疫情嚴重傳播。為了選票，領導人刻意甩鍋給中國。要中國負責與賠償云云。最核心的問題是源頭從哪兒來的？發現在中國，不等於源自中國。交通發達的今天，很難追蹤源頭。可以說，這是個大是大非的時候，抗疫最重要。但是美國似乎更在意把責任推到別人身上，難道是心虛？誰也說不準。但是打壓中國的心態，給香港搞事者一個好機會，可以借力美國來打壓中國，連美國國旗都捧出來，以示友好，渴求對方支援他們的行動。

　　這種事情讓人糊塗，因為動機明確，但是目的不清晰。到底為何？現在流行講「利弊」，何不攤牌讓大家知道這幫人想要達到甚麼目的？也把這事情的利弊放桌面，讓專家分析，贏面還是輸面大？不過我很清楚，如

果能夠講道理，我們也不會走到今天。現今局面就是不講道理，是不懂講道理，還是故意不講道理？或許兩者都有。

有趣的是「故意不講道理」，北方人稱之為「撒賴」。現在香港有許多撒賴的行為，比如說，在議會上有人撒髒水，議員代表市民立法，照規矩個個德高望重，怎麼會有這行為而不覺得羞恥呢？同時，在同一個地方有人主持會議 17 次而選不出一個主席？本來是 15 分鐘的事情，拖了半年有多而沒有結果。還說，這是按照議事規則來辦事。不如直接承認有意搗亂，在廣大羣眾面前扯淡，豈不是漠視是與非，而且侮辱市民智慧，可悲。

不要以為不分是與非是美國特有，香港一樣有，誰感染誰不重要。讓人看出一點，原來這世界已經不講是與非。現在的道理是「我對，你錯」，不許別人爭辯。不過，我相信不少人還是心中有數，分得出是與非。

也有人，尤其是「前任」那些人，不停跑出來發表一些似是而非的言論，騙騙見報率。一般還是以反對政府立場為核心，罵這個，罵那個，自以為是，殊不知這些問題都是前人（也就是他們）種下的惡果，不過沒有人揭穿而已。我多年來奉行的態度：離開了原來崗位，就不要再回去指指點點，別人怎麼做有個人的打算，我們亂講話就是說三道四，不應該。

7.6 信自己

　　如果要排列引發香港問題的原因不容易，因為有好幾個，相互影響，結合成一大塊，難分難解。我會如此排列：第一，教育出問題，且可以細分為二。首先，書本內容包括反政府言論，而沒人發覺，或發覺而沒人敢出聲。其次，部分老師趁機教授歪理，引導學生走歪路。第二，家長出問題，自以為是，沒有提供正確家庭教育。第三，媒體出問題，有立場再報導，新聞偏頗，常有誤導之嫌。第四，政府反制力弱，助長歪風。

　　不過反覆再看，這樣的排序似乎不完全正確。怎樣都無法排出一個自己絕對滿意的次序，因為每一個原因之間都有相輔相成的關係。讓普羅大眾最心寒的現象是

媒體的偏頗，因為媒體跟大家的關係密切，幾乎時時刻刻都會接觸。但是總是看到片面，挑選過的報導，讓人憤慨。這種行為等同失去社會責任，思想上壓迫受眾，絕不可取。連政府出資的機構也這樣，真是天下奇聞。就算有人投訴，負責人都輕輕帶過，依然故我，實在令人費解。要知道，這樣的報導暗地產生的影響無以倫比，影響多少人積非成是，自己掏錢來打自己嘴巴。

有人說：「香港缺乏領導力」，的確沒說錯。沒有領導人物可以站出來對大是大非說清楚，到底我們應該相信甚麼，應該排斥甚麼。其實不是沒有人，只是反派的手段很辣，用武力對待別人。能說話的人被武力威嚇而變為不敢說話的人，而繼續讓歪理蔓延。不僅是香港，國際間一樣語無倫次，英國跳出來講話，因為港版國安法說要制裁中國，將會容許 BNO 護照持有人在英國延長逗留時間，以便辦理入籍手續。據說有 30 萬人目前持有這種護照，但是英國政府會繼續增加名額，可能高達 300 萬人會申請此類護照，以便「逃亡」時可用上。明眼人知道，這絕非大恩大德，只是偽善行為。

如果說香港是熱鍋，英國就是火坑，從熱鍋上跳進火坑，不是跟自己開個大玩笑。目前香港只有一位議員出來講過幾句話，說護照變居留不可行。其餘有識之士全扮啞巴，不講話來個明哲保身。一般老百姓不少信以

為真，有後路了。你說，是與非是不是再次給扭曲？英國幾位國家大臣不厭其煩出來說：「中國破壞中英聯合聲明，所以要打壓。」媒體是不是有責任要把中英聯合聲明（其實很短的文字）攤開來給大家看清楚，哪一段哪一節說到香港的人權與自由被破壞？香港人表面上吃了啞虧，信以為真。只是有某些人借它來說事，這也是扭曲是與非的另一例證。

對於香港目前所經歷的困難，有內在原因，起碼有幾個，如上所列述。也有外在原因，那是因為香港很被動，在美國與中國矛盾之中掙扎。為甚麼？因為美國的態度其實不難理解，根據美國的意識形態，西方國家制定的自由、民主、人權才是正宗的，而中國內地完全不達標，走了歪路，所以中國內地不可能跟美國為首的西方文化並立，而且美國一直相信「中國是罪惡」的思維，要打壓、要制裁等等手段都是為了消滅中國成為世界大國的機會。目前的手段是不惜一切代價，沒有任何是與非，就是要消滅競爭對手。

講到分辨是非，我應該說點勉勵讀者的話。想了一段時間，不知道從何說起？難道說些鼓勵別人的話都有困難？是的。過去幾年，我從香港的變化，看到不少讓人失望的景況。地鐵的損失最嚴重，馬路上紅綠燈、圍欄受到不同程度的破壞，不少商場、店舖給人惡意毀

壞，還有不少人受到人身攻擊，受了重傷，甚至死亡。大家知道如何保護自己，不敢出面斥責，人人噤若寒蟬。加上某些媒體加鹽加醋，顛倒是非，把暴行美化、英雄化，久而久之，積非成是，是非顛倒。

在大學時代讀過社會學一些科目，講到「集體行為」，英語叫 Group Behaviour。當時只是紙上談兵，知一而不知其二。現在才知道集體行為的厲害，一個人搞不出甚麼名堂，但是人一多，你一聲，我一句，大家就起哄。一方面，人多搞事好玩；另一方面，人多膽子大，平時一個人不敢做的事，人多就不怕，而且隨時可以出動武力，無法約束自己。我們俗語說孤掌難鳴，大概就是這個意思。但是現在目睹的現象跟以前不同，現在出師大有名堂，自由、民主與人權是三條主軸，大家隨便拿一樣，當作攻擊性武器，跟執法單位過招，有不少人喜歡，因為就顯得有革命意義，管它是不是顏色革命。

這種武器是無形的，但是威力強大。因為它讓人相信，這種「集體行為」有正義感，誰敢擋路就是犯下滔天大罪。沒有這種無形武器，光是揮揮手，叫叫口號，殺傷力不夠。但是一出口號，前呼後擁，就能顯示某種力量，把個體變為集體，實現集體行為。這裏面有樣東西很重要，就是一個「信」字，我信你，你信我，彼此之間沒有異見，我一定對，你也一定對。誰錯？反對你我的

人就是錯，錯多錯少都是錯。

這羣體內有軸心，大家圍繞軸心轉，順時鐘的話，大家就順時鐘，沒人可以反過來走。忽然間大家一條心，全靠一個信字。講起來有點宗教意味，壇上講甚麼，壇下的人沒有異議。令人好奇的是：這集體還有外來的力量加強彼此間的信念。比如說，媒體扮演非常重要的角色，為這個信字添加力度，如果本來是信，現在經過添加力度，變為絕對可信。請注意，所有人的信都是來自別人，不是發於自己。這種現象正好說明現代人內心深處的空虛，有人說甚麼，正好填補那份空虛。不必自己去尋找屬於個人的信，很方便，如同方便麵，打開煮熟就可以吃。不是說，要有個人的信，要探索、要研究、要驗證等等程序，很麻煩，現代人不願意花時間去做這件事。

就好像在這本書前一部分說到一個大孩子，被人號召到地鐵門口用腳擋門，不讓車開。他盛意拳拳請求車上乘客相信他，大家的未來是美好的，是由他給予我們的。那就是一種毫不置疑的信，是某個人給他的，而他是絕對相信這個信字會開花結果的。這種信是由他所屬的團體製造出來，讓人毫不猶豫的接受，而且不止一個人接受，還有好多人，自然成為一個集體，不可侵犯的集體。

這樣的集體，讓其成員失去自我。我們從小到大累積的學識與見解豈不是失去效用？我們不是一直相信集思廣益的道理，到了一個集體之後，只會吵吵鬧鬧，叫叫口號（包括粗口），不是浪費自己的價值嗎？所以這一節的標題是「信自己」，不完全正確，因為我想讀者理解個體的重要性，不要給別人的話語（很隨意的）抹煞自己存在的價值。

「信自己」也不是沒道理，最重要是信自己在過去學會的能力，如何去分辨是與非。我們在任何年紀都要增添能力來分辨對與錯，尤其在這個快速變化的時代。記住，在人生的路上，永遠是一個人自己來處理面對的問題，而不是靠一個集體。所以信集體之餘，我們需要加強「信自己」，增強自己的能力，才有機會為自己創造更高的價值。

結　語

　　以前我們經常說：「時代變。」但是並沒有任何暗示，我們也需要改變。以前的時代變就是要我們接受一些生活上、工作上的挑戰。結果怎樣？正如當年許冠傑有首歌，其中有句歌詞：「鬼叫你窮，頂硬上啦。」可以看出來，以前時代變，我們會接受，會調整自己，希望熬過這段不爽的日子，以後就好。但是現在說時代變，我們不僅要調整，很可能要全面改變，否則應付不了。

　　從銀行角度看這問題就能理解我的道理。以前銀行靠存款來做貸款，錢進來與錢出去之間賺利差。70 年代之後那 30 年就是這樣，基本上沒甚麼事情，我們銀行從業員要作出調整，最多是要改善服務，爭取更多客戶的存款。但是到了新世紀，銀行開始吃不消，因為從監管角度來說，貸款消耗資本，貸款多而存款少，資本金不足，不僅要調整，而且要改變：不能一直靠這種模式來賺錢，要開發理財產品，賣給銀行客戶賺手續費，不消

耗資本。那時候說時代變，就是銷售文化的崛起，大家去抓客戶買理財產品。

過多十幾年，網上銀行出現，為何？因為實體銀行成本高，銀行吃不消。轉向網上服務，客戶不來銀行最好，減省銀行的設施與人力。客戶也喜歡，第一，方便；第二，省錢，免手續費；第三，時髦，客戶追求時髦很正常。換句話，實體銀行改換為虛擬銀行，又是一大改變。銀行員工不能再唱許冠傑那首歌，時代變，頂硬上也沒用。最明顯的影響是「裁員」，例如滙豐銀行也有計劃全球裁減三萬多員工；等於說，以後的日子，人浮於事是不可避免的趨勢。

現在除了銀行，還有其他的變化，不由我們不高聲呼喊：「時代變。」比如說，新冠肺炎全面打擊香港經濟，零售業受創嚴重，其中飲食業更是苦不堪言。樓面沒有客戶，以往人頭湧湧，座無虛席。現在是門可羅雀，沒有現金流來支撐業務。好多食肆（大小一樣）被迫關門，員工遣散。有些鬥志高昂的老闆，咬緊牙關，作出改變，只做外賣。疫情蔓延之際，大家不敢出門吃飯，有外賣可以解決外出的問題，何不幫襯？也是一種變則通的辦法，可惜不是其他行業可以自由抄襲。

這種外賣生意的蓬勃，帶動一家香港上市公司的股票節節上升，其他所謂「新經濟股」大行其道，威風八

面。反而其他傳統實體經濟受到無情的打擊，股票軟弱無力，令投資者苦不堪言。哀嘆時代變之際，各企業必須作出改變，以求自保。但是大家可以想像，企業快速發展多年，領導層並沒有對時代變作出應有的防範，領導力薄弱，連帶生產力降低。這種情況有點像以前金融海嘯來襲，一時間不知如何應對，居安而不思危。還有一樣重要的改變在於內地來的旅客大為減少，以前帶來人氣與消費，如今香港街頭的抗爭活動讓內地遊客卻步，導致購買力銳減，做遊客生意的店舖深受其害，炒人或關門似乎無可避免。

個人來說一樣明顯，生產力降低不容否認，消耗人力，但是效果不好的現象比比皆是。如何應對，我在書中提供不少材料，可供參考。但是現在香港很是糾結，好像有好幾種問題混合在一起：政治、經濟、教育、媒體，成為一個僵化的物體，不易破解。本來我以為香港是政治化的結果，但是我看不少活躍份子很可能根本不懂甚麼是「社會主義」，更不要說「中國特色」？但是我就是要反對，你說東，我偏向西。看來又不像是經濟問題，大家努力提供上游機會也不一定有效。如果說是社會問題，或許稍為接近，我認為主要是態度問題，要爭取的是自由。然而是一種不受規範的自由，相幹甚麼就幹甚麼。

我是上一代的人（或許該說兩代以上的人），說是有經驗，那是取笑我，以前的經驗今天沒甚麼用。說我有道理，也是取笑，現在哪裏有人講道理？是非分不清很正常，相反，能夠分得清是笑話。大家說：「該怎麼辦？」我是不會放棄，該變就變，希望能夠變得更好。

寫後感言

　　寫這本書，心情頗糾結。寫寫停停，總是想作罷。以我的速度，每天 2,000 字不成問題，一個月可以完工。但是拖拖拉拉搞了兩個月，證明思路有阻滯。為甚麼？因為總有猶豫，有人還會聽老人言嗎？現今社會每個人都有自己的想法，而且多是「人錯，自己才對」，等於說，異見人士太多，要爭取共鳴不容易。現在有些抗爭者還是不合意就用武力解決（應該是解除）對方。想到這裏，何必多言，自討苦吃。

　　停下來不寫，心中有不安的感覺，好像看到地上有個坑，不告訴其他行人心有不安。或許是自己年紀大了，總希望把話說出來，悶聲不響不是我的風格。結果，在走一步，停半步的情況下把書寫完。其實永遠寫不完，叮嚀的話不會嫌多。編輯給我的建議，篇幅太長不好。現在一般讀者不喜歡長篇大論，否則不好賣。我理解。

我的構思是看到社會有巨大變化，連自己老闆也有變化，自己該怎麼辦？該怎麼應對？該做甚麼，不該做甚麼，一步一步走下去。講到該與不該，就很容易引起不同意見。我不想辯駁，接收多少，各有想法很正常。我講完，心中不再忐忑，放下是與非，各自修行才是另類自由，我絕對尊重。

　　這是我十年來第五本書，對我來說，多年心願，完成大半，謹以為記。